工业和信息化普通高等教育"十二五"规划教材

21世纪高等学校计算机规划教材

21st Century University Planned Textbooks of Computer Science

大学计算机基础实践教程（第2版）

Practical Guide to Fundamentals of College Computer (2nd Edition)

姚琳 主编

李莉 黄晓璐 副主编

张敏 万亚东 武航星 汪红兵 姚亦飞 编著

U0383128

高校系列

人民邮电出版社

北　京

图书在版编目（ＣＩＰ）数据

大学计算机基础实践教程 / 姚琳主编. -- 2版. --
北京：人民邮电出版社，2013.10
    21世纪高等学校计算机规划教材
    ISBN 978-7-115-32985-1

    Ⅰ．①大… Ⅱ．①姚… Ⅲ．①电子计算机－高等学校
－教材 Ⅳ．①TP3

    中国版本图书馆CIP数据核字(2013)第216647号

内 容 提 要

　　本书是《大学计算机基础（第 2 版）》（姚琳主编）的配套实验教材。全书分为 8 章，共 21 个实验，内容包括：Windows 7 操作系统、Word 2010 文字处理、Excel 2010 电子表格、PowerPoint 2010 电子演示文稿、FrontPage 2010 网页制作、局域网和因特网的操作、Sound Forge 声音处理、Photoshop 图像处理、Visio 2010 流程绘制和 Access 2010 数据管理。

　　本书实验内容丰富、通俗易懂、由浅入深，便于读者在学习过程中自主学习，每个实验均包括实验目的、实验内容和操作步骤。每个实验后的自测练习主要供学生进行相应内容的综合练习和自我测试。本书既可与主教材配套使用，也可作为大专院校和培训班的独立教材。

　　　　◆ 主　编　姚　琳
　　　　　副主编　李　莉　黄晓璐
　　　　　责任编辑　武恩玉
　　　　　责任印制　彭志环
　　　　◆ 人民邮电出版社出版发行　　北京市丰台区成寿寺路 11 号
　　　　　邮编　100164　电子邮件　315@ptpress.com.cn
　　　　　网址　http://www.ptpress.com.cn
　　　　　三河市祥达印刷包装有限公司印刷
　　　　◆ 开本：787×1092　1/16
　　　　　印张：13.25　　　　　　　　2013 年 10 月第 2 版
　　　　　字数：351 千字　　　　　　 2024 年 8 月河北第12次印刷

　　　　　　　　　　定价：32.00 元
读者服务热线：(010)81055256　印装质量热线：(010)81055316
　　　　　反盗版热线：(010)81055315
　　　广告经营许可证：京东市监广登字 20170147 号

前言

　　"大学计算机基础"课程是面向大学非计算机专业、计算机技术与科学教育体系第一层次中的第一门课程。它承担着中学与大学计算机信息教育承上启下和为大学计算机教育奠定基础的任务。通过"大学计算机基础"课程的学习，学生可以进一步了解计算机的工作原理，掌握计算机应用技术、多媒体信息处理技术、计算机网络与通信技术的基本概念、基础知识以及基本的数据管理方法。同时，通过与课程配套的上机实验教学环节，使学生掌握计算机的基本操作技能，提高学生综合应用计算机的能力。本课程属于入门性质的基础课程，同时也是一门操作性与实践性很强的课程。其内容的学习和掌握作为后续计算机课程学习的基础，其重要性不言而喻。

　　本书是《大学计算机基础（第 2 版）》教材（姚琳主编）的配套实验教材，为了配合课程的实验教学而编写。计算机应用能力的培养和提高，很大程度上依赖于上机实验教学环节。本书编写的宗旨是通过指导学生上机实验，帮助学生学习理解有关的基本概念，掌握计算机的基本操作方法和常用软件的使用，培养学生的计算机实践应用能力，为后续课程的学习打下基础。

　　本书根据教育部非计算机专业计算机基础课程教学指导分委员会提出的《高等学校非计算机专业计算机基础课程教学基本要求》中的关于"大学计算机基础"课程教学要求，根据当前学生的实际情况，结合一线教师的教学实际经验编写而成。全书分为 8 章，共 21 个实验，包括：Windows 7 操作系统、Word 2010 文字处理、Excel 2010 电子表格、PowerPoint 2010 电子演示文稿、局域网和因特网的操作、Sound Forge 声音处理和 Photoshop 图像处理、Visio 2010 流程绘制和 Access 2010 数据管理。实验内容中，Office 部分使用较新的 2010 版本，同时也设置多媒体操作、数据管理和流程制作实验，不但与主教材互为呼应，而且内容实用且方便选择。

　　考虑到学生入学时基础和水平不一，本书有些章节中首先对涉及的基本知识和有关概念进行简要介绍，然后列出该章节的各个实验。每个实验均包括实验目的、实验内容和操作步骤。对于已经初步掌握计算机基本操作的学生，可以直接完成各项操作要求，而跳过具体操作步骤。每个实验后的自测练习主要供学生进行相应内容的综合练习和自我测试，以考察相应知识单元的掌握情况。

　　本书第 1 章由姚琳、李莉、姚亦飞编写；第 2 章由张敏编写；第 3 章由万亚东编写；第 4 章由武航星编写；第 5 章由黄晓璐编写；第 6 章由汪红兵编写；第 7 章由姚亦飞编写；第 8 章由李莉编写。全书由姚琳最后审阅统稿。

　　本书是北京科技大学重点教改项目"大学计算机基础层次化教学体系的研究与实践"的主要成果之一，也是北京科技大学 2013 年度校级"十二五"规划教材重点项目。本教材还得到了中央高校基本科研业务费——面向 SOA 的新型软件测试技术与工具研究（FRF-SD-12-015A）项目的资助。

　　鉴于本书涉及计算机科学与技术的多方面知识，加上编者水平有限，时间仓促，书中疏漏与不当之处在所难免，恳请各位读者和专家批评指正，以便再版时及时修正。

编　者

2013 年 7 月

目　录

第 1 章　Windows 7 的基本操作·········1

1.1　Windows 7 简介 ·········1
1.1.1　Windows 7 的新功能 ·········1
1.1.2　Windows 7 界面基本元素和
　　　基本操作·········1
1.1.3　Windows 7 桌面·········5
1.1.4　在 Windows 7 环境下运行程序·········8
1.2　Windows 7 的文件管理·········9
1.2.1　资源管理器·········9
1.2.2　库·········12
1.2.3　搜索功能·········13
1.2.4　备份和还原文件·········14
1.3　Windows 7 控制面板的使用·········17
1.3.1　用户账户设置·········17
1.3.2　程序管理·········20
1.3.3　个性化设置·········22
1.4　Windows 7 任务管理器·········26
1.5　Window 7 的文件管理实验·········30
1.6　Windows 7 系统设置和
　　应用程序操作实验·········34

第 2 章　Word 2010 的使用·········43

2.1　Word 2010 的功能简介·········43
2.2　Word 2010 窗口的基本组成·········47
2.3　Word 2010 基本操作实验·········51
2.4　Word 2010 图文处理实验·········61
2.5　Word 2010 表格制作实验·········67
2.6　长文档的编辑和排版实验·········71
2.7　Word 2010 的高级应用实验·········77
2.8　Word 综合练习·········85

第 3 章　Excel 2010 的使用·········87

3.1　Excel 2010 的功能简介·········87
3.1.1　Excel 2010 的主要功能·········87
3.1.2　Excel 2010 窗口的基本组成·········87
3.1.3　Excel 2010 的基本概念·········90
3.2　Excel 2010 基本操作实验·········96
3.3　Excel 2010 数据处理实验·········105
3.4　Excel 综合练习·········111

第 4 章　PowerPoint 2010 的使用····113

4.1　PowerPoint 2010 功能简介·········113
4.2　PowerPoint 2010 窗口的基本组成·········114
4.3　简单演示文稿制作实验·········114
4.4　"九寨沟风景区介绍"演示文稿的
　　制作实验·········118
4.5　录入旁白、排练计时、
　　演示文稿打包实验·········126
4.6　PowerPoint 综合练习·········129

第 5 章　计算机网络的基本应用·········130

5.1　WWW 应用与信息检索实验·········130
5.2　局域网简单组网和资源共享实验·········136
5.3　因特网的其他应用实验·········140

第 6 章　Sound Forge 声音处理
软件和 Photoshop 图像处理软件·····146

6.1　使用 Sound Forge 进行声音处理实验····147
6.2　使用 Photoshop 进行图像处理实验·····156

第 7 章　Visio 2010 绘图软件·········176

7.1　Visio 2010 概述·········176
7.1.1　Visio 软件的发展和主要功能·········176
7.1.2　Visio 2010 的工作窗口·········177
7.1.3　Visio 2010 的基本概念·········179
7.2　Visio 2010 的基本操作·········180
7.2.1　图形操作·········180
7.2.2　文字操作·········182
7.2.3　连接操作·········183
7.2.4　新增功能·········183
7.3　用 Visio 2010 绘制流程图实验·········183
7.4　用 Visio 2010 制作日程表实验·········187

第 8 章　Access 2010 的使用·········191

8.1　Access 2010 简介·········191
8.1.1　Access 2010 的主要功能·········191
8.1.2　Access 2010 的工作窗口·········191
8.1.3　Access 2010 的基本概念·········194
8.2　数据库和数据表的创建实验·········195
8.3　查询、窗体和报表的创建实验·········201

参考文献·········208

第 1 章
Windows 7 的基本操作

Windows 7 是微软公司推出的新一代操作系统，于 2009 年 10 月 22 日正式发布并投入市场。Windows 7 继承了 Windows XP 的实用与 Windows Vista 的华丽，同时进行了重大的革命性创新。

1.1 Windows 7 简介

1.1.1 Windows 7 的新功能

作为全新的操作系统，Windows 7 进行了重大变革，围绕用户个性化、娱乐视听、用户易用性，以及笔记本电脑等几个方面，新增了很多特色功能，其中最具特色的是跳转列表（Jump List）、轻松实现无线连网、轻松创建家庭网络、Windows 触控技术以及 Windows Live Essentials 等。

跳转列表功能菜单是 Windows 7 推出的第一大特色，是最近使用的项目列表，能帮助用户迅速地访问历史记录。在"开始"菜单和"任务栏"中的每一个程序都有一个跳转列表，可以让用户很容易地找到最近使用的文档；IE 浏览器中的跳转列表可以让用户看到最近访问过的 Web 站点。

Windows 7 进一步增强了移动工作的能力，用户可以随时随地、轻松地使用便携式电脑查看和连接网络，无线上网的设置变得更加简单直接，更加人性化。在 Windows 7 中，用户只需单击任务栏的网络图标，即可查看可用的网络，系统会自动搜索到各种无线网络信号并一键连接，轻松实现无线连网。

Windows 7 的网络设置中引入了家庭组，可以使拥有多台计算机的家庭更方便地共享视频、音乐、文档、打印机等。

Windows 7 操作系统进一步完善了触控技术，扩展到计算机的每一个部位。Windows 7 明显改进了触摸屏体验，通过触摸感应显示屏，不用鼠标和键盘就可以接触计算机完成相关的操作。

Windows Live Essentials 是微软公司提供的一项服务，是一套可以使 Windows 7 计算机实现更多的全方位体验的免费软件，包括电子邮件、即时消息、图片共享、博客和其他 Windows Live 一体式服务。Windows Live 可帮助用户同步所有的通信和共享方式。

1.1.2 Windows 7 界面基本元素和基本操作

学习 Windows 7 界面基本元素和基本操作是学习 Windows 7 系统的基础，也是学习其他窗口应用程序的基础。

1. 鼠标操作

鼠标是窗口应用程序使用最多的输入设备，用户通过鼠标向计算机发出各种命令，控制应用程序的操作。鼠标的操作有指向、单击、双击和拖动。

（1）鼠标指向

鼠标总是和屏幕上的一个鼠标指针相对应的。鼠标在工作台上移动时，鼠标指针就在屏幕上移动。移动鼠标，使得鼠标指针移到屏幕上某个目标上面，称为鼠标指向该目标。

（2）单击左键

鼠标指向某个目标后，单击鼠标左键，然后迅速放开，即为单击左键操作。单击左键的结果一般是选中一个目标。

（3）单击右键

鼠标指针指向某个目标后，单击鼠标右键，然后迅速放开。单击右键用来打开所指目标的快捷菜单。

（4）双击左键

鼠标指针指向目标后，快速单击左键两次，再放开左键。双击左键一般用来打开一个目标。例如，左键双击一个应用程序名，来启动这个程序。双击左键的间隔时间必须很短。如果间隔较长，就相当于两次单击，效果完全不同。

（5）鼠标拖动

鼠标拖动是通过左键完成的。将鼠标指针指向一个目标，按下鼠标左键不放，移动鼠标，将鼠标指针拖动到目的位置，从而完成对目标的拖动。鼠标拖动可以移动一个目标，也可以结合其他按键，完成对目标的复制。

（6）滚动

对于中间有滚动轮的鼠标，滚动这个小轮可以使得文档页面也随之滚动，便于对文档进行快速浏览。

2. 窗口

Windows 7 窗口是在桌面上的大小可以变化的矩形框，用来显示应用程序、文档或文件夹。通过窗口可以观察应用程序的运行情况、观察文档和文件夹的内容，也可以对应用程序、文档和文件夹进行操作。

在 Windows 7 操作系统中，虽然各个窗口的内容并不相同，但大多数窗口都具有相同的基本组成部分。窗口主要由标题栏、控制按钮区、地址栏、选项卡、导航窗格、命令按钮、文件窗格、工作区、状态栏等组件构成，如图 1-1 和图 1-2 所示。

浏览导航按钮位于窗口的左上角，可用于在浏览记录中导航。其中"返回"按钮 ⬅ 可返回上个浏览位置，"前进"按钮 ➡ 可重新进入之前所在位置。单击"前进"按钮右侧的三角形按钮 ▾，可以使用菜单的形式列出最近的浏览记录。

导航窗格通常位于窗口的左侧，该窗格将从上到下分为不同的类别，通过每个类别前方的箭头 ▷ 可以展开或合并。利用导航窗格，可以快捷地在不同位置之间进行更改。

地址栏通常在窗口的上部，可以列出当前浏览位置的详细路程信息，例如，在图 1-2 所示的窗口中，地址栏显示了当前浏览的位置是"库-图片-示例图片"这个文件夹。Windows 7 支持地址栏按钮功能，可以将当前位置整个路径上的所有文件夹都显示为可单击的按钮，单击对应的按钮，就可以进入该路径上的任何一个文件夹中。每个地址栏按钮的右侧还有一个向右的箭头 ▶，单击该箭头后，可以弹出一个菜单，其中列出了与该文件夹同级的其他文件夹。在地址栏右侧的空白处单击，地址栏按钮就会自动消失，取而代之的是用文字形式显示的路径，即传统的地址栏。在地址栏的右侧，还有一个下方向的箭头按钮，单击该按钮后，可以用弹出菜单形式打开访问历史记录，通过这种方式，也可以快速在曾经访问过的文件夹之间进行切换。

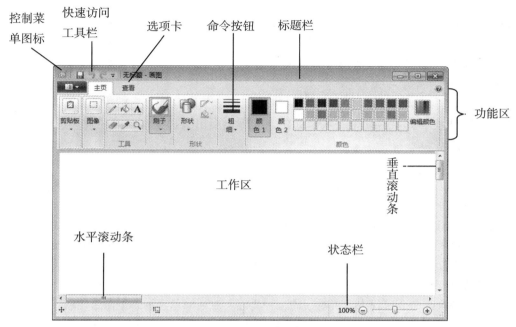

图 1-1　Windows 7 典型窗口一

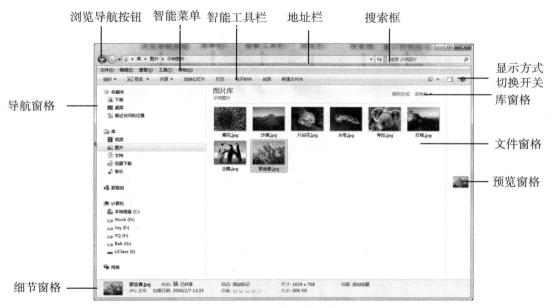

图 1-2　Windows 7 典型窗口二

　　搜索框位于地址栏的右侧，在这里可对当前位置的内容进行搜索。该功能是和 Windows 7 的搜索功能结合在一起的，因此既可以针对文件的名称进行搜索，也可以针对文件的内容进行搜索。

智能菜单位于地址栏下方，该菜单可以根据实际情况动态选择最匹配的选项。例如，选中的是文件夹，那么菜单中就会出现用于设置共享的选项；如果选中的是一个 Word 文档，则会出现打印选项等。在智能菜单栏的最右侧，是用于设置当前窗口视图的选项，可以设置当前窗口中文件的显示方式。

文件窗格在导航窗格的右侧，是窗口中最主要的部分，用于显示要浏览的具体内容。在文件窗格中，不但可以显示当前位置的所有内容，而且可以根据实际需要，调整文件的显示方式，或根据需要对文件进行不同的排序和筛选。

3. 选项卡

选项卡标题通常位于窗口的第 2 行，即功能区的顶端，如图 1-1 中所示的"主页"选项卡和"查看"选项卡。单击某个选项卡标题，立即显示出该选项卡，并使该选项卡成为当前活动的选项卡。

4. 功能区

功能区是窗口的主要命令界面，包含了早期版本的菜单、工具栏、任务窗格和各种工具、命令，方便用户进行操作。

功能区由当前活动选项卡的多个命令组组成，各命令组上有多个命令按钮，如图 1-1 所示的"工具"命令组、"形状"命令组和"颜色"命令组。每个组中又含有若干个命令按钮。在任何时候，功能区中仅显示一个活动命令选项卡，即当前命令选项卡。

5. 对话框

对话框是执行命令过程中人机对话的一种界面。对话框总是和一个命令相联系。对话框也是一个矩形区域，也有类似窗口所有的"关闭"按钮等，也可以在屏幕上移动。但窗口是和一个应用程序或文档关联的，而对话框只和菜单命令相关联，为这个命令输入所需要的参数。另外，对话框的大小是不可以改变的，并且用户只有在完成了对话框要求的操作后才能进行下一步的操作。

对话框中有许多固定的元素，以便于用户输入命令的参数。对话框的元素主要包括标题栏、选项卡、下拉式列表框、命令按钮、复选框、单选按钮、文本框等，如图 1-3 所示。

图 1-3　典型对话框

复选框和单选按钮都是用来选择命令执行的选项。图 1-3 中有 3 个复选框和 1 个单选按钮。

方形的复选框所对应的选项是可以任意选择的：可以选择一项，也可以选择多项；可以选，也可以不选。只要用鼠标单击一个空白的选择框，对应的选项就被选中，框内出现一个"✔"符号。如果对这个选择框再次用鼠标单击，则框内的"✔"符号消失，重新成为空白选择框，表示这个选项不被选中。

　　单选按钮所对应组的各种选项是必须要选中一个，也只允许选中一个。在对话框打开的时候，一组单选按钮中总有一个按钮中间有一个"●"符号。如果单击另一个没有"●"的单选按钮，则"●"就会移动到新单击的单选按钮。原来那个按钮中的"●"自动消失，仍然保持只有一个单选按钮被选中。

　　命令按钮的功能是向操作系统发出命令，操作系统会立即执行对应的操作。

　　Windows 7 窗口的对话框中会不断出现新的对话框元素，需要用户不断去熟悉和掌握。

1.1.3　Windows 7 桌面

　　启动 Windows 7 后，呈现在用户面前的整个屏幕区域称为桌面，如图 1-4 所示。

图 1-4　Windows 7 桌面

　　Windows 7 桌面是一个工作平台。在桌面上可以看到各种图标，这些图标可以代表文件、文件夹或者快捷方式。用鼠标单击这些图标，就可以打开相应的文件、文件夹，或者直接启动应用程序。

　　Windows 7 桌面的底部是任务栏。全新的任务栏结合了传统的"快速启动栏"和"任务栏"两种功能，可以在同一块区域内显示程序的快捷方式和正在运行的程序按钮。

　　任务栏的最左边是"开始"按钮，中间是程序快捷方式和已打开的应用程序按钮，右边是通知区域，最右侧是"显示桌面"按钮，如图 1-5 所示。

开始按钮　　程序快捷方式　　　　应用程序按钮　　　　　　通知区域　　显示桌面

图 1-5　任务栏

1. 任务栏与鼠标操作

　　在任务栏中，有些图标的周围有一个方块，形成了应用程序按钮，这种按钮对应着正在运行的程序，单击此类按钮，可以将对应的程序放在最前端。有些图标的周围没有方块，属于普通的程序快捷方式，对应着尚未运行的程序，单击这种图标可以启动对应的程序。

在这些任务栏按钮上，可以通过鼠标实现 3 种不同的操作。

● 左键单击：如果图标对应的程序尚未启动，则左键单击可以启动该程序；如果该程序已经启动，左键单击可以将对应的窗口放在最前面；如果该程序同时打开了多个窗口或标签，左键单击可以查看该程序所有窗口和标签的缩略图。

● 中键单击：使用鼠标中键单击程序的图标后，会新建一个程序窗口。

● 右键单击：右键单击任何一个图标后，可以打开跳转列表。

Windows 7 支持程序按钮的合并。如果同一个程序打开了多个窗口，这些窗口对应的按钮会直接合并成一个显示在任务栏上，而不是每个窗口显示一个按钮，如图 1-6 所示。将鼠标指针指向合并的程序按钮后会弹出一个菜单，其中列出了每个窗口的缩略图，只要单击不同的缩略图，就可以将对应的窗口放在最前端。如果只是用鼠标指针指向某个缩略图而并不单击，稍等片刻后，系统会自动将对应窗口暂时显示到最前端，其他窗口都将被临时隐藏起来，方便用户查看窗口的完整内容。

图 1-6　程序按钮的合并

2．跳转列表

在任务栏上显示的程序图标还有一个很重要的功能，即跳转列表。用鼠标右键单击某程序图标后，系统会以弹出菜单的形式显示跳转列表，而跳转列表的具体内容则取决于对应的程序。例如，右键单击的是 Word 应用程序的图标，则列表中会显示最近打开的文档记录和已固定的文档，用于控制该程序的选项，如图 1-7 所示。

3．开始菜单

单击开始按钮可以打开"开始"菜单，如图 1-8 所示。Windows 7 操作系统提供了全新的"两列式"风格菜单。

"开始"菜单的左侧窗口有固定程序列表、常用程序列表、"所有程序"按钮、搜索框。常用程序列表显示了所有最常使用和最近使用的程序。如果用户需要的程序不在常用程序列表中，可以单击"所有程序"选项，打开所有程序列表，从中查找需要的应用程序。Windows 7 提供了全新的、强大的搜索功能，可以通过搜索框来使用。

"开始"菜单的右侧窗口是"启动"菜单，包含用户很可能经常使用的部分 Windows 链接，从上到下有个人文件夹、文档、图片、音乐、游戏、计算机、控制面板、设备和打印机、默认程序、帮助和支持，最下侧是关机按钮。

图 1-7　跳转列表例

图 1-8　"开始"菜单

4. 通知区域

通知区域在任务栏的右侧，用于显示在后台运行的程序或其他通知。默认情况下，这里只显示几个系统图标，分别代表操作中心、电源选项、网络连接和音量图标，其他图标都会隐藏起来，需要单击上方向箭头按钮▲才可以看到，如图 1-9 所示。

用户可以根据实际需要，决定是否在通知区域显示特定程序的图标。在任务栏的空白区域右键单击，在弹出的快捷菜单中单击"属性"命令，可以打开"任务栏和「开始」菜单属性"对话框，在"通知区域"中单击"自定义（C）…"按钮，打开如图 1-10 所示的界面，在这里列出了所有曾经在通知区域中显示过的程序图标，每个图标通过"行为"下拉表可以选择 3 种不同的选项。

图 1-9　通知区域

图 1-10　自定义通知区域

5. "显示桌面"按钮

在任务栏的最右侧是"显示桌面"按钮，用鼠标指针指向该按钮后，系统会将所有打开的窗口都隐藏，只显示窗口的边框，并且透过这些边框，可以看到桌面上的图标和小工具；移开鼠标指针后，会恢复原本的窗口。

如果单击该按钮，则所有打开的窗口会被最小化，显示桌面；再次单击该按钮后，则最小化的窗口会恢复显示。

Windows 7 的桌面可以由用户自己装饰，桌面的内容也可以自己安排。所以不同的计算机打开的桌面可以是完全不同的。

1.1.4　在 Windows 7 环境下运行程序

用户在 Windows 7 下运行应用程序有几种方式：通过桌面上的快捷方式运行程序、通过"开始"菜单运行程序、或在"资源管理器"中运行程序。

1. 快捷方式

通过快捷方式启动和运行应用程序是最常用的方式。在 Windows 7 桌面、"开始"菜单、任务栏以及文件夹中都可以建立快捷方式。

（1）快捷方式及其属性

"快捷方式"实际是 Windows 7 对象的一种链接。通过这种链接，不用进入对象所在的文件夹，就可以定位这个对象，并运行或访问。

Windows 7 中所有可以直接访问的对象都可以建立快捷方式，包括应用程序、文档、文件夹、计算机、互联网地址等对象。

用鼠标右键单击一个快捷方式的图标，在弹出的菜单上单击"属性"，打开快捷方式的"属性"对话框，在"快捷方式"选项卡和"详细信息"选项卡中会显示该快捷方式文件的相关信息，如图 1-11 和图 1-12 所示。

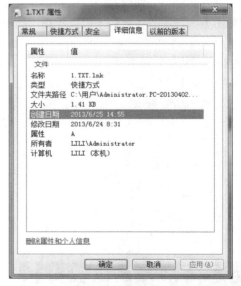

図 1-11　"属性"对话框的"快捷方式"选项卡　　図 1-12　"属性"对话框的"详细信息"选项卡

"快捷方式"选项卡显示目标对象的类型、位置、文件名等，还可以在该选项卡中设置"起始位置"、"快捷键"等。"详细信息"选项卡则显示了当前快捷方式的名称、类型、所在位置、大小、修改日期等信息。

（2）创建快捷方式

用户可以通过"创建快捷方式向导"创建快捷方式。在桌面的空白位置或其他可以新建快捷方式的文件夹的空白位置，单击鼠标右键，在弹出的快捷菜单中单击"新建"，在"新建"子菜单中单击"快捷方式"选项，弹出"创建快捷方式"对话框，通过该对话框创建某个对象的快捷方式。

用户也可以使用鼠标拖放来创建快捷方式。打开"资源管理器"窗口，选中目标对象，按下

"Alt"键，将目标对象的图标拖放到桌面、任务栏，就在对应的位置新建了快捷方式。

用户还可以通过对象的快捷菜单新建快捷方式。在资源管理器中，用鼠标右键单击任何一个可操作的对象，弹出一个快捷菜单。用鼠标右键单击"创建快捷方式"选项，就会在对象所在的文件夹中新建一个相应的快捷方式。

（3）快捷方式的删除

右键单击一个快捷方式图标或者快捷方式名称，在弹出的快捷菜单中单击"删除"，就可以删除这个快捷方式。或者选中一个快捷方式后按"Del"键，也可以删除快捷方式。

2. 运行应用程序

在 Windows 7 中运行应用程序的方法有多种。用户可以在桌面上单击应用程序图标来运行程序，可以单击任务栏上的应用程序按钮来运行程序，可以在"开始"菜单中单击应用程序列表中的应用程序图标来运行应用程序，可以在资源管理器中找到某个应用程序文件后单击来运行该应用程序，或者在"开始"菜单搜索框中搜索该应用程序的名称，由 Windows 7 直接查找到该应用程序后直接运行。

当应用程序运行完毕，可以直接左键单击程序窗口的"关闭"按钮来关闭该应用程序。

1.2　Windows 7 的文件管理

文件和文件夹是 Windows 系统的重要组成部分。在使用计算机的过程中，大部分情况下都是在与各种不同类型的文件打交道。计算机可以实现多种不同的应用，每种不同的应用需要使用不同类型的文件。另外，硬盘的存储空间不断增大，计算机中可以保存的文件越来越多，文件的管理、查找和使用越来越困难，因此只有管理好文件和文件夹才能对操作系统运用自如。Windows 7 的文件管理功能非常强大。

1.2.1　资源管理器

Windows 7 资源管理器是用户与文件打交道的门户，所有文件的浏览和定位都是通过资源管理器进行的。

1. 资源管理器窗口界面

资源管理器窗口的界面如图 1-2 所示。其中，浏览导航按钮、智能菜单栏、地址栏、搜索框、窗口控制按钮（最大化、最小化及关闭按钮）、导航窗格、文件窗格等在前文已介绍过，此处重点介绍其他界面元素。

智能工具栏可自动感知当前位置的内容，提供最相关的操作。例如，如果当前文件夹中保存了大量图形文件，那么该工具栏上会显示"预览"、"放映幻灯片"、"打印"等选项；如果当前文件夹中保存了很多文件夹，则会提供"打开"、"共享"等选项。智能工具栏默认是显示的，无法隐藏。

显示方式切换开关有 3 个按钮，分别可控制当前文件夹使用的视图模式、显示或隐藏预览窗格以及打开帮助。显示方式切换开关默认是显示的，无法隐藏。

库窗格是默认显示的，可以隐藏。库是 Windows 7 中新增的一个功能，如果当前浏览的文件夹被加入到库中，那么就会显示库窗格。库窗格中提供了一些和"库"有关的操作，并且可以更改排列方式。如果希望隐藏该位置的库窗格，可以单击智能工具栏上的"组织"按钮，在弹出的菜单中单击"布局"→"库窗格"菜单项。

预览窗格默认是隐藏的。如果在文件窗格中选中了某个文件，该文件的内容就会直接显示在预览窗格中，这样不需要打开文件就可以直接了解每个文件的详细内容。如果希望打开预览窗格，只需要单击窗口右上角的"显示预栏窗格"按钮 即可。

细节窗格默认是显示的。在文件窗格中单击某个文件或文件夹项目后，细节窗格中就会显示有关这项目的属性信息，而具体显示的内容取决于所选文件的类型。例如，如果选中 MP3 文件，细节窗格中将会显示歌手名称、唱片名称、流派、歌曲长度等信息；如果选中数码相机拍摄的 JPG 文件，则会显示照片的拍摄日期、相机型号、光圈大小、快门速度等信息。细节窗格的使用主要取决于文件的元数据（也就是属性）信息。

资源管理器窗口的元素很简单，但如何将这些功能充分利用到日常的使用中需要长时间的熟悉和练习。

2. 文件属性

文件属性也称为文件的元数据，就是用于描述数据的数据。以数码照片为例，数码照片通常采用 JPG 格式的文件。在资源管理器中选中该文件后，细节窗格中会显示该文件的元数据。或者右键单击该文件，选中快捷菜单中的"属性"选项，即可弹出"文件属性"对话框，在"详细信息"选项卡中可以看到该文件的相关属性。

3. 排序、分组和筛选

在 Windows 7 中对大量文件进行管理时，由于文件的属性中包含了大量用户感兴趣的数据，因此可以通过文件属性实现文件的筛选和查找，并且通过灵活使用，可以更简便、快捷地找到自己需要的文件。

（1）排序

排序是指将所有文件按照特定的顺序进行排列，这样就能够通过一定的逻辑条件，按顺序浏览所有文件。取决于不同的文件类型，可供排序的条件非常多。在文件窗格的空白处单击鼠标右键，从弹出的快捷菜单中单击"排序方式"，再从其级联菜单中单击一种要进行排序的条件，并单击"递增"或"递减"，即可完成文件的排序工作，如图 1-13 所示。如果需要根据属性信息进行排序，可以单击"更多"，打开"选择详细信息"对话框，从中选择用以排序的属性信息，并可通过"上移"或"下移"来调整每个条件在排序菜单中的显示顺序，如图 1-14 所示。

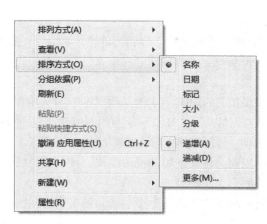

图 1-13　排序方式

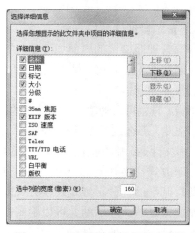

图 1-14　"选择详细信息"对话框

（2）分组

分组可以理解为另一种形式的排序，通过使用分组功能，可以将所有符合特定条件的文件显示到一起，组成一个虚拟的组。这样就可以通过"组"的形式，直接看到所有符合特定条件的内容。

如果希望对某文件夹中的内容进行分组，可以使用鼠标右键单击文件窗格中的空白处，在弹出的快捷菜单中定位到"分组依据"，在其级联菜单中单击希望用于分组的条件即可，如图 1-15 所示。如果希望使用其他条件进行分组，也可单击"更多"选项，选择所需使用的条件。图 1-16 是对某文件夹根据"类型"进行分组后的效果。

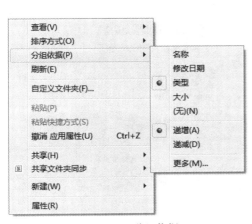

图 1-15　分组依据　　　　　　　　　　　　　　　图 1-16　分组效果

（3）筛选

筛选功能是资源管理器中最强大的文件定位方式，通过使用筛选功能，可以同时按照多个条件对文件进行定位。筛选功能适合于有大量文件需要管理，并且需要借助多种条件对文件进行定位的情况。

使用资源管理器打开目标文件夹，并通过视图按钮将当前视图切换为"详细信息"，随后在文件窗格的上方会看到新出现的属性列，并且还可以右键单击任何一个属性列来选择更多的属性，如图 1-17 所示。

按照用户的实际需要，顺序地针对不同的属性列进行筛选。例如，将鼠标指针指向"尺寸"属性后，单击右侧的下三角按钮▼，即可选择待筛选的数据范围。图 1-18 是根据"尺寸"和"日期"条件进行筛选的结果。

图 1-17　筛选前　　　　　　　　　　　　　　　　图 1-18　筛选后

4. 高级文件夹选项

资源管理器的默认设置可以满足绝大多数使用需求，但是用户还可以对该程序的行为进行自定义。在资源管理器的菜单栏中依次单击"工具"→"文件夹选项"，打开"文件夹选项"对话框，可以对资源管理器进行自定义，设置浏览文件夹的方式、打开项目的方式、导航窗格的显示、文件夹和文件的查看方式和搜索方式，如图 1-19 所示。

图 1-19　"文件夹选项"对话框

1.2.2　库

如果用户在不同硬盘分区、不同文件夹或多台电脑或设备中分别存储了一些文件，寻找文件及有效地管理这些文件将是非常困难的事情。Windows 7 提供了全新的"库"来方便地组织、管理与查看各类文件。在 Windows 7 中，"库"是浏览、组织、管理和搜索具备共同特性文件的一种方式，即使这些文件存储在不同的地方，位于不同分区、不同文件夹的同一类文件可以通过一个库进行便捷地访问。Windows 7 能够自动地为文档、音乐、图片以及视频等项目创建库，用户也可以轻松地创建自己的库。

Windows 7 默认提供了 4 个库，分别用于保存视频、音频、图片和普通文档，在任意一个资源管理器窗口的导航窗格中可以看到当前所有的库。同时每个库节点也可以展开，以查看库的内部结构和内容，如图 1-20 所示。

图 1-20　Windows 7 的库

如果需要将其他文件夹添加到默认库中，只需要右键单击某个文件夹，单击"包含到库中"，就可以为该文件夹选择加入到某个已有的"库"中或为其创建一个新的"库"，如图 1-21 所示。

如果用户希望建立自己的库，则可以右键单击库节点，在快捷菜单中单击"新建"→"库"，如图 1-22 所示，设置好新建库的名称，随后可以在文件窗格中选择包含在该库中的文件夹即可。

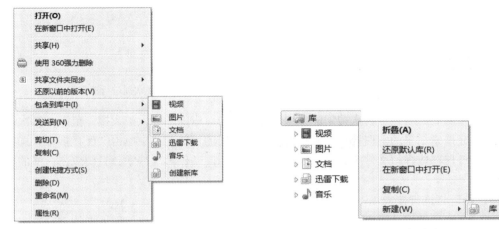

图 1-21 将文件夹包含到库中　　　　　　　　图 1-22 新建库

在使用"库"功能时要注意，一个库中可以包含多个文件夹，同时一个文件夹也可以包含在多个不同的库中。在一个库中对某个文件夹中的内容进行修改，也会应用到其他包含了该文件夹的库中。

1.2.3 搜索功能

Windows 7 提供了强大、智能的搜索功能。无论是搜索自己的计算机、家庭网络中其他基于 Windows 7 的计算机或者网上的任何内容，Windows 7 的搜索效率极高。强大的搜索功能和改进的资源管理器使得查找变得更加快捷和简单。

1. 通过"开始"菜单进行搜索

"开始"菜单搜索为所有应用程序、数据和计算机设置提供了快捷的访问点。用户只需在搜索框中输入少许字母，就会显示匹配的文档、图片、音乐、电子邮件和其他文件的列表，所有内容都排列在相应的类别下；用户也可以直接在"开始"菜单中搜索控制面板任务，从而快速调整计算机设置；用户还可以搜索查找库中的文件，搜索结果会根据库分组，确保结果易于理解，如图 1-23 所示。

2. 通过窗口中的搜索框进行搜索

Windows 7 在资源管理器或控制面板窗口右上角设置了搜索框，通过该搜索框可以对不同范围的内容进行搜索，可以实现比开始菜单搜索更加复杂的搜索。

例如，如果希望对某个文件夹中的内容进行搜索，首先在资源管理器窗口中进入该目录，然后在搜索框中输入搜索关键字，随着关键字的输入，符合要求的内容会动态显示出来。

窗口的搜索框可以直接对当前文件夹的位置进行搜索，如图 1-24 所示。

图 1-23　"开始"菜单搜索　　　　　　　　图 1-24　通过搜索框进行搜索

　　在搜索结果的底部有一个再次搜索的选项，通过单击对应的图标，扩大搜索范围，再次进行搜索。另外，在搜索结果的空白处单击鼠标右键，在弹出的快捷菜单中单击"保存搜索"选项，还可将搜索条件保存成虚拟文件夹，以后如果需要使用相同条件再次搜索，只要双击这样的虚拟文件夹即可。

3. 通过地址栏进行搜索

　　Windows 7 窗口的地址栏也可以实现部分搜索功能。用鼠标右键单击地址栏的空白处，地址按钮会被自动隐藏，取而代之的是传统的通过文字显示的路径信息。Windows 7 的地址栏还可以当作传统的运行对话框，直接输入要运行的命令或工具名称即可启动。例如，在地址栏中输入"notepad"即可打开 Windows 7 自带的记事本程序；也可以直接输入网址，系统会调用默认浏览器打开对应的网页。

　　此外，使用鼠标右键单击任务栏的空白处，在快捷菜单中依次单击"工具栏"→"地址"后，任务栏上就会出现一个供用户输入文本的地址栏，如图 1-25 所示，其功能和窗口上方地址栏相同。

图 1-25　带地址栏的任务栏

1.2.4　备份和还原文件

　　Windows 7 为用户提供了"文件备份"、"系统映像备份"、"早期版本备份"和"系统还原"4种备份工具。使用 Windows 7 的备份程序可以定期备份计算机中存储的文件，并且可以为文件和文件夹创建早期的版本，用户可以使用以前的版本还原意外修改、删除或损坏的文件和文件夹。同时，在计算机无法工作或不能正常启动时，可以使用"系统映像备份"来还原计算机中的内容。在计算机出现故障时，可以使用"系统恢复选项"菜单中的工具恢复计算机原来的状态，保障计算机正常地运行。

　　（1）使用 Windows 7 的备份程序

　　在使用计算机的过程中，为了避免数据丢失，可以定期备份存储在磁盘中的文件，以尽量减少病毒或系统故障造成的损失。Windows 7 既可以设置自动备份，也可以手动备份计算机中的文件。

① 自定义备份启动操作。

● 单击"开始"→"控制面板"命令，打开"控制面板"窗口；单击"系统和安全"链接，打开"系统和安全"窗口，如图 1-26 所示。

● 单击"备份和还原"链接，打开"备份和还原"窗口，如图 1-27 所示（或者单击"开始"→"所有程序"→"维护"→"备份和还原"亦可）。

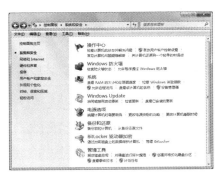

图 1-26　"系统和安全"窗口　　　　　　　图 1-27　"备份和还原"窗口

● 在"备份和还原"窗口中，单击"备份"区域中的"设置备份"链接，打开"设置备份"对话框，提示"正在启动 Windows 备份"，如图 1-28 所示。

● Windows 备份启动完成之后，打开"设置备份"向导，选择要保存备份的位置，如图 1-29 所示。

图 1-28　"设置备份"对话框　　　　　　　图 1-29　"设置备份"向导

② 自定义备份：将备份保存在网络上。

在选择保存位置时，可以从"备份目标"列表中选择一个保存备份的磁盘位置。如果计算机已经接入网络，也可以将其保存在网络计算机的磁盘当中。在"设置备份"向导中单击"保存在网络上……"按钮，将出现"选择一个网络位置"界面，依次选择备份文件夹并填写"网络凭证"的用户名和密码，完成网络备份。

③ 自定义备份：将备份保存在本地计算机上。

在"设置备份"向导中，从"保存备份的位置"列表框中选择备份文件存放的位置并确定备份方式，完成本地计算机上的备份。

④ 从备份集还原文件。

在计算机因为感染病毒或文件被意外删除的情况下，可以使用"备份和还原"程序从创建的备份集中还原那些丢失、受到损坏或意外更改的文件。可以还原个别文件、文件夹或已备份的所有文件。

单击"开始"按钮→"所有程序"→"维护"→"备份和还原"命令，单击"还原"区域中的"还原文件"按钮，按照"还原文件"向导实现文件的还原。

如果要从备份中搜索指定的文件或文件夹，单击"搜索"按钮，打开"搜索要还原的文件"对话框。在"搜索"文本框中输入要还原文件或文件夹的全名或名称包含的关键字，然后单击"搜索"按钮，搜索指定名称的文件或文件夹。

（2）使用 Windows 7 的系统还原

安装软件或驱动程序的更新可能导致计算机运行缓慢或无法正常工作，这时可以使用 Windows 系统还原撤销对计算机所做的修改。

① 创建系统还原点。

默认情况下，安装 Windows 7 并且使用 NTFS 文件系统格式化的驱动器自动打开系统保护功能，定期创建和保存计算机系统文件和设置的相关信息。系统保护功能将这些文件保存在还原点中，用户可以使用系统还原点将计算机的系统文件还原到以前的时间点。

在系统还原检测到计算机发生更改时（例如，安装软件或驱动程序的更新），将自动创建还原点，也可以通过下列步骤随时手动创建还原点。

● 单击"开始"按钮 ，打开"开始"菜单。右击右侧窗格中的"计算机"菜单项，然后单击快捷菜单中的"属性"命令，打开"系统"窗口，如图 1-30 所示。

● 单击左侧窗格中的"系统保护"链接，打开"系统属性"对话框，并切换到"系统保护"选项卡，如图 1-31 所示。

图 1-30 "系统"窗口

图 1-31 "系统保护"选项卡

● 单击"创建"按钮，打开"系统保护"对话框，要求输入还原点的描述。

● 在文本框中输入还原点的描述（例如此处输入"我的还原点"），单击"创建"按钮，提示"正在创建还原点"。稍等片刻，提示"已成功创建还原点"。

● 单击"关闭"按钮，完成操作。

② 使用创建的系统还原点。

如果用户近期安装了对 Windows 造成意外更改的程序或驱动程序，使用"系统还原"功能可以将计算机的系统文件和设置还原到较早的时间点。

③ 创建系统映像。

系统映像包含 Windows 和用户的系统设置、程序和文件，在计算机无法工作或不能正常启动时，可以使用 Windows 为用户提供的"系统映像"工具还原计算机中的内容。

在使用系统映像还原计算机时，当前的所有程序、系统设置以及文件都将被替换，而不能从中选择相关的项目进行还原。另外，在设置计划文件备份时，可以选择是否包含系统映像。如果要手动创建系统映像，可以单击"开始"→"所有程序"→"维护"→"备份和还原"，单击左侧窗格中的"创建系统映像"链接，并依据"创建系统映像"向导选择保存备份位置和备份驱动器，完成系统的映像备份。

④ 使用系统映像还原计算机。

如果计算机无法工作或不能正常启动，可以使用 Windows 备份为用户提供的"系统映像"工具还原计算机中的内容。

（3）Windows 7 的系统恢复

使用 Windows 7 提供的系统修复工具，可以帮助 Windows 从严重的错误中恢复。

系统恢复选项包含"启动修复"、"系统还原"、"系统映像恢复"、"Windows 内存诊断"、"命令提示符"。这些系统修复工具可以使 Windows 从严重的错误当中恢复，各修复工具功能介绍如下。

● 启动修复：在"系统恢复选项"对话框中，单击"启动修复"工具，可以修复会阻止 Windows 正常启动的某些问题，如系统文件丢失、损坏等。但不能修复计算机中的硬件故障，例如硬盘故障、内存不兼容，也不能用于防止病毒入侵。"启动修复"将扫描计算机以查找存在的问题，然后尝试修复所找到的问题，使计算机能够正常启动。

● 系统还原：在"系统恢复选项"对话框中，单击"系统还原"工具，打开"系统还原"向导，用于将计算机系统文件还原到一个早期的时间点，但不会影响用户存储在计算机中的文件，例如文档、照片、视频以及电子邮件等。值得注意的是，从"系统恢复选项"对话框启用"系统还原"后，用户将无法撤销执行的还原操作。

● 系统映像恢复：如果要使用"系统映像"进行计算机的恢复操作，需在使用之前创建一个系统映像。在"系统恢复选项"对话框中，单击"系统映像恢复"工具即可使用系统映像进行恢复操作了。

● Windows 内存诊断：在"系统恢复选项"对话框中，单击"Windows 内存诊断"工具，可以扫描计算机内存中的错误。

● 命令提示符：对于"命令提示符"比较熟悉的用户，可以在"系统恢复选项"对话框中，单击"命令提示符"工具，使用"命令提示符"执行与恢复相关的操作，也可以运行其他命令行工具来诊断和解决问题。

1.3　Windows 7 控制面板的使用

1.3.1　用户账户设置

用户账户是 Windows 系统中对计算机和个人首选项进行更改的信息集合，例如更换桌面背景、设置窗口颜色或屏幕保护程序等。通过使用用户账户，可以确定用户访问的程序和文件以及可以对计算机进行的更改，并且可以在拥有自己文件和设置的情况下与多个用户共享计算机。

（1）用户账户的类型

安装 Windows 7 时，系统会要求用户创建一个账户，此账户就是能够使用户设置计算机以及安装应用程序的管理员账户。在 Windows 系统中，用户账户可以分为标准用户、管理员账户和来宾账户三种类型，每种类型为用户提供不同的计算机控制级别。

① 管理员账户。管理员账户具有计算机的完全访问权，可以对计算机进行任何需要的更改，所进行的操作可能会影响到计算机中的其他用户，如安装或卸载应用程序、更改计算机系统设置、修改注册表，以及添加或删除硬件等。需要注意的是，一台计算机上至少要有一个管理员账户。

② 标准用户。标准用户用于日常的计算机操作，例如使用办公软件、网上冲浪、即时聊天等。标准用户可以使用大多数软件以及更改不影响其他用户或计算机安全的系统设置，如果要安装或卸载应用程序，需要提供管理员密码后才能继续执行操作。

③ 来宾账户。给临时使用计算机的用户使用。默认情况下，来宾账户已被禁用，如果要使用来宾账户，需要先将其启用。使用来宾账户登录系统时，不能创建账户密码、更改计算机设置以及安装软件或硬件。

（2）创建新用户账户

在 Windows 中，可以为每个使用计算机的用户创建一个用户账户，以便用户进行个性化设置。按照以下的步骤进行操作可以创建新用户账户。

● 单击"开始"→"控制面板"命令，打开"控制面板"窗口，如图 1-32 所示。

● 单击"用户账户和家庭安全"下方的"添加或删除用户账户"链接，打开"管理账户"窗口，如图 1-33 所示。

图 1-32 "控制面板"窗口   图 1-33 "管理账户"窗口

● 单击窗口左下角的"创建一个新账户"链接，打开"创建新账户"，如图 1-34 所示。

● 在文本框中输入新用户账户的名称，然后单击用户账户的类型，例如此处输入账户名称为"UCB"，选择"标准用户"类型。

● 单击"创建账户"按钮，创建一个名为"UCB"的用户账户，如图 1-35 所示。

图 1-34 "创建新账户"窗口   图 1-35 显示新创建的用户账户

（3）更改账户设置

创建用户之后，可以更改账户名称、设置账户密码、设置家长控制、更改账户图片和类型等操作，下面分别进行介绍。

① 创建账户密码。

打开"管理账户"窗口，单击列表中要更改的用户账户，例如此处单击上一小节创建的用户账户"UCB"，打开"更改 UCB 的账户"窗口，如图 1-36 所示。

单击"更改账户"窗口左侧的"创建密码"链接，打开"创建密码"窗口，如图 1-37 所示。在文本框中输入创建的账户密码，然后单击"创建密码"按钮。

图 1-36　"更改账户"窗口　　　　　　　　　图 1-37　"创建密码"窗口

② 删除密码。

打开"管理账户"窗口，单击列表中要删除密码的用户账户，单击"更改账户"窗口左侧的"删除密码"链接，打开"删除密码"窗口，如图 1-38 所示。单击"删除密码"按钮，删除该账户的密码。

③ 更改图片。

打开"管理账户"窗口，单击列表中要更改图片的用户账户，单击"更改账户"窗口左侧的"更改图片"链接，打开"选择图片"窗口，如图 1-39 所示。在图片列表中单击要使用的图片或单击"浏览更多图片"按钮选择自定义图片，然后单击"更改图片"按钮，更换用户账户的图片。

图 1-38　"删除密码"窗口　　　　　　　　　图 1-39　"选择图片"窗口

④ 更改账户名称。

打开"管理账户"窗口，单击列表中要更改名称的用户账户，单击"更改账户"窗口左侧的

"更改账户名称"链接，打开"重命名账户"窗口，如图 1-40 所示。在文本框中输入新账户名，然后单击"更改名称"按钮。

⑤ 更改账户类型。

打开"管理账户"窗口，单击列表中要更改的用户账户。单击"更改账户"窗口左侧的"更改账户类型"链接，打开"更改账户类型"窗口，如图 1-41 所示。单击要更改成的账户类型，然后单击"更改账户类型"按钮。

图 1-40   "重命名账户"窗口

图 1-41   "更改账户类型"窗口

（4）账户密码及安全

当有多个用户使用计算机时，为用户账户设置 Windows 登录密码可以避免其他用户更改自己的桌面或其他个性化设置。

① 创建一个安全的密码。

在 Windows 系统中，使用密码可以防止未经授权的用户访问文件、应用程序或其他计算机资源。Windows 密码的长度最多可以达到 127 个字符，一个安全密码的长度至少为 8 个字符，尽量不要包含完整的单词、用户名、真实姓名或公司名称。创建的密码可以包含大写字母、小写字母、数字和键盘上的符号。

② 丢失账户密码补救：密码重置盘。

在"用户账户"窗口中，单击"创建密码重设盘"链接，然后使用打开的忘记密码向导可以创建一个密码重置盘。如果用户忘记用户账户密码，可以使用创建密码重置盘的可移动存储设备设置一个新密码，然后可以使用新密码登录计算机。

③ 使用账户锁定策略限制无效登录的次数。

在"本地安全策略"中，使用账户锁定策略可以设置用户登录尝试失败的次数。在设置无效登录的次数之后，如果其他用户尝试猜测系统密码的次数超过所限制的次数，则该用户账户将被锁定。登录尝试失败的次数可设置在 0～999 之间，设置为 0 时说明永远不会锁定用户账户。

1.3.2   程序管理

日常使用计算机的过程中，经常要与应用程序打交道，例如，使用 Word 编辑文档、使用 Windows Media Player 播放音频或视频。如果不再使用计算机中的应用程序，可以将其从计算机中卸载，以释放其占用的磁盘文件。对于那些存在兼容性问题的应用程序，可以在 Windows XP 模式下运行传统的应用程序，以便将其迁移到 Windows 7 中继续使用。

（1）处理不同程序兼容性问题

如果程序存在已知的兼容性问题或该程序不能正确地安装，则 Windows 7 系统会打开"程序兼容性助手"对话框。如果要手动更改兼容性设置，右击需要更改兼容性设置的可执行程序，然后单击快捷菜单中的"属性"命令，打开该程序的属性对话框如图 1-42 所示。

（2）卸载程序

如果不再使用计算机的某个应用程序，可以从计算机中将其卸载，以释放该应用程序所占用的磁盘空间。在 Windows 7 系统中，可以通过"控制面板"中的"程序和功能"窗口来卸载程序。对于某些应用程序，还可以通过"开始"菜单来卸载。

单击"开始"→"控制面板"命令，打开"控制面板"窗口。单击"程序"下的"卸载程序"链接，打开"程序和功能"窗口如图 1-43 所示。在列表中单击要卸载的应用程序，然后单击工具栏上的"卸载/更改"按钮，根据提示完成应用程序的卸载。

图 1-42　"兼容性"选项卡

图 1-43　"程序和功能"窗口

如果要通过"开始"菜单卸载某个应用程序，单击"开始"→"所有程序"命令，展开"所有程序"文件夹，列出当前安装在计算机中的程序。单击要卸载的程序，然后单击"卸载程序"命令即可卸载该应用程序。在单个系统的计算机中，通常将 Windows 系统安装在 C 盘，大多数程序默认安装到"C:\Program Files"文件夹中。对于某些在安装目录中包含卸载程序的应用程序，如果在"程序和功能"窗口中未列出，可以打开"C:\Program Files"文件夹，然后找到要卸载程序的安装目录，双击其中的卸载程序可以完成程序的卸载。

如果在卸载程序时不能将其完全卸载，可以尝试再次运行卸载程序。如果仍然不能将其卸载，可以进入 Windows 安全模式下卸载程序。此外，如果是最近安装的应用程序，也可以使用"系统还原"功能将计算机的系统文件恢复到以前的状态。

（3）设置文件类型关联

在使用 Windows 7 的过程中，经常会根据使用需求添加一些应用程序，这样对于某些类型的文件，可以更改打开该类型文件的默认程序。如果在计算机中安装了多个可以打开同一类型文件的应用程序，可以选择一个希望使用的程序，以更改文件类型关联。

● 单击"开始"→"控制面板"命令，打开"控制面板"窗口，单击"程序"链接，打开"程序"窗口。

● 单击"默认程序"下的"将文件类型或协议与程序关联"链接，打开"设置关联"窗口，如图 1-44 所示。

● 在列表框中选中要更改关联的文件类型，然后单击"更改程序"按钮，打开"打开方式"对话框，如图 1-45 所示。

● 在列表框中单击用来打开此类文件的程序，然后单击"确定"按钮，完成更改文件类型关联操作。

图 1-44 "设置关联"窗口

图 1-45 "打开方式"对话框

1.3.3 个性化设置

用户可以通过使用新的任务栏和"开始"菜单操作计算机，更改计算机的主题、窗口颜色、声音、桌面背景、屏幕保护程序、字体大小和用户账户图片来打造个性化的 Windows 7。

（1）使用新的任务栏和"开始"菜单

Windows 7 系统对任务栏和"开始"菜单进行了重新设计，使用户可以更轻松地管理和访问经常使用的文件和程序。

① 将常用程序锁定到任务栏。

用户可以将程序直接锁定到任务栏，以便快速、方便地打开该程序，而无需通过"开始"菜单浏览该程序。如果要将常用程序锁定到任务栏，可选择下列方法之一进行操作。

● 右击要锁定到任务栏的程序图标，然后单击快捷菜单中的"锁定到任务栏"命令，如图 1-46 所示，即可将该程序锁定到任务栏。

● 如果要将已打开的程序锁定到任务栏，右击任务栏中的程序图标，然后单击快捷菜单中的"将此程序锁定到任务栏"命令，如图 1-47 所示。

图 1-46 单击"锁定到任务栏"命令

图 1-47 单击"将此程序锁定到任务栏"命令

● 从桌面或"开始"菜单将程序的快捷方式拖动到任务栏，也可以将程序锁定到任务栏。

对于任务栏中不再使用的程序，可以将其从任务栏中解锁。如果要从任务栏中解锁程序，右键单击要解锁的程序图标，然后单击快捷菜单中的"将此程序从任务栏解锁"命令，即可从任务栏中删除该程序的图标。

② 将常用程序附到"开始"菜单。

如果经常使用某程序，可以将该程序附到"开始"菜单的常用程序列表上方，以方便访问。右击要附到"开始"菜单的程序图标，然后单击快捷菜单中的"附到「开始」菜单"命令如图 1-48 所示。该程序的图标将出现在"开始"菜单的顶部。

③ 使用"开始"菜单跳转列表。

"跳转列表"是 Windows 7 系统新增的功能之一，用于列出用户最近使用的项目列表，如程序、网站、文件或文件夹等。使用"开始"菜单跳转列表可以打开用户经常使用的程序和文件。除此之外，还可以将项目锁定到跳转列表中，如图 1-49 所示，以便能够快速访问跳转列表中的程序和文件。

图 1-48　将程序附到"开始"菜单　　　　图 1-49　将项目锁定到"开始"菜单的跳转列表

④ 使用任务栏预览窗口快速找到打开的程序。

Windows 7 提供了多个主题，可以选择 Aero 主题来设置个性化的计算机。在 Windows 7 中，所有打开的窗口在任务栏上都以图标的形式显示，用户可以通过任务栏在打开的程序之间切换窗口。如果使用某个程序打开了多个文档或窗口，则 Windows 会自动将同一个程序中的打开窗口分组到一个未标记的任务栏图标中。

将鼠标指针指向任务栏上打开文档的程序图标，随即会在任务栏的上方显示与该图标关联的所有打开窗口的缩略图预览。如果指向打开的缩略图窗口，可以预览该窗口中的内容。

如果其中一个窗口正在播放视频，则会在预览中看到实时的播放画面。如果要快速切换到某个打开的程序或文档窗口，单击图标或其中一个预览。如果要还原桌面视图，将鼠标指针从任务栏缩略图窗口移开即可。

（2）Windows 7 窗口管理

Windows 7 系统打开的应用程序、文件夹或文档都会在屏幕上显示为一个窗口，虽然每个窗口的内容有所相同，但大多数窗口都具有"标题栏""最小化、最大化和关闭按钮""菜单栏""滚动条"等相同的部分。如果在桌面上打开了多个窗口，使用任务栏上的缩略图或 Flip 3D 功能可以在打开的窗口之间进行切换。

① 调整和移动窗口。

如果要使当前窗口显示更多的内容，可以将窗口最大化；如果不希望将窗口最大化，可以手动调整窗口的大小，以显示屏幕中的其他内容。重新调整窗口的大小之后，每次打开该程序或文件夹时都会以同样的大小显示，但不能调整已最小化或最大化的窗口。

② 窗口间切换。

如果在桌面上打开了多个应用程序或文档，当前打开的窗口会遮挡其他的程序或文档，使用其他应用程序时，需要从当前窗口切换到要使用的窗口。通常切换窗口的操作方法有以下几种，可任意选择下列之一进行操作。

● 使用任务栏切换窗口：在 Windows 7 系统中，每个打开的窗口在任务栏上都有对应的程序图标。如果要切换到其他窗口，单击窗口在任务栏上的图标，该窗口将出现在其他打开窗口的前面，成为活动窗口。

● 使用组合键"Alt+Tab"切换窗口：通过按组合键"Alt+Tab"可以切换到上一次查看的窗口。如果按住"Alt"键并重复按"Tab"键可以在所有打开的窗口缩略图和桌面之间循环切换，如图 1-50 所示。如果要切换到某个打开的窗口，释放"Alt"键可以显示该窗口中的内容。使用组合键"Alt+Shift+Tab"将以反方向切换窗口。

图 1-50　使用组合键"Alt+Tab"切换窗口

● 使用 Flip 3D 切换窗口：以三维方式排列所有打开的窗口和桌面，可以快速地浏览窗口中的内容。在按住 Windows 徽标键的同时按"Tab"可以使用 Flip 3D 切换窗口，如图 1-51 所示。当切换到要查看的窗口时，释放 Windows 徽标键即可。

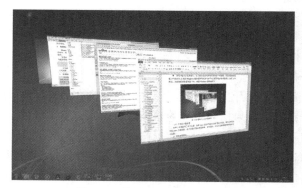

图 1-51　使用 Flip 3D 切换窗口

（3）个性化主题设置

Windows 7 系统提供了多个主题，选择 Aero 主题可以使计算机更加个性化，既可以应用所有的 Aero 主题设置，也可以通过更改桌面背景、窗口颜色、声音以及屏幕保护程序来自定义主题。

① 主题是计算机上的图片、颜色和声音的组合。它包括桌面背景、屏幕保护程序、窗口边框颜色和声音方案，某些主题也可能包括桌面图标和鼠标指针。

Windows 7 提供了多个主题，包括 Aero 主题和基本主题。

Aero 界面是 Windows 下的一种全新图形界面，Aero 界面将渲染任务由 CPU 交给显卡，计算机屏幕上显示的所有内容，无论是游戏界面，还是 Windows 的"开始"菜单，都需要通过显卡的运算才能正常显示。如果计算机运行缓慢，可以选择 Windows 7 基本主题；如果希望屏幕更易于查看，可以选择高对比度主题。用户还可以根据需要分别更改主题的图片、颜色和声音来创建自定义主题。

② 更改桌面图标。

右击桌面空白处，然后单击快捷菜单中的"个性化"命令，打开"个性化"窗口，如图 1-52 所示。单击左侧窗格中的"更改桌面图标"链接，打开"桌面图标设置"对话框，如图 1-53 所示。在"桌面图标"区域选中图标左侧的复选框，然后单击"确定"按钮，更改桌面上的图标。如果要更改桌面图标的默认值，在"桌面图标设置"对话框中单击"更改图标"按钮，打开"更改图标"对话框，在图标列表中单击一个图标，然后单击"确定"按钮即可。

图 1-52　"个性化"窗口　　　　　图 1-53　"桌面图标设置"对话框

③ 桌面背景也称为"壁纸"，是显示在桌面上的图片、颜色或图案。用户可以选择某个图片作为桌面背景，也可以以幻灯片形式显示图片。

用户可以通过控制面板中的"更改桌面背景"来选择设置为桌面的图片，也可以在资源管理器或库中查找到图片后，右键单击打开快捷菜单，单击"设置为桌面背景"，即可将图片设置为桌面背景。

④ 字体。在 Windows 7 中，用户可以对字体进行设置，还可以添加、预览显示和隐藏计算机上安装的字体，当不再需要时，可以将其删除。字体的设置、添加、显示、隐藏、删除等操作通过"控制面板"→"外观和个性化"→"字体"进行。

为了使屏幕上的字体看起来更加清晰，用户可以对字体的大小进行设置。字体大小通过"控制面板"→"外观和个性化"→"字体"→"更改字体大小"进行设置。

ClearType 文本是 Windows 7 特有的新功能，是由微软开发的一种显示计算机字体的软件技术，可以使字体清晰而又圆润地显示出来。ClearType 可使屏幕上的文本更细致，更易于长时间阅读，而不至于眼睛紧张或者精神疲劳，尤其适合于 LCD 设备。ClearType 文本通过"控制面板"→"外观和个性化"→"字体"→"调整 ClearType 文本"进行调整。

⑤ 屏幕保护程序。当用户在指定时间内没有使用鼠标或键盘进行操作，系统就会自动地进入账户锁定状态，此时屏幕会显示指定的图片或动画，这就是屏幕保护程序的效果。设置屏幕保护程序可减少电能消耗，保护计算机屏幕，同时可以保护个人的隐私，增强计算机的安全性。屏幕保护程序通过"控制面板"→"外观和个性化"→"更改屏幕保护程序"设置。

⑥ 使用和自定义桌面小工具。在 Windows 7 中，取消了"Windows 边栏"功能，但仍然可以使用"小工具"的实用小程序，这些小程序可以提供即时信息，使得用户可以轻松访问常用工

具。Windows 7 默认的小工具库如图 1-54 所示。

要在桌面上显示小工具，右击桌面的空白处，然后单击快捷菜单中的"小工具"命令，打开"小工具库"窗口。右键单击需要添加到桌面上的小工具，然后单击快捷菜单中的"添加"命令，此时会在桌面显示添加的小工具。在桌面添加了小工具之后，可以设置该工具的尺寸大小、是否前端显示以及不透明度等属性。

⑦ Windows 7 的电源管理与设置。电源计划是 Windows 系统管理计算机硬件和系统设置使用电源的集合。在日常使用计算机的过程中，使用电源计划可以减少计算机的耗电量、最大程度提升系统性能，或者保持两者平衡。

默认情况下，在"电源选项"窗口中不会显示"高性能"电源计划。在"电源选项"窗口中单击"显示附加计划"左侧的 按钮，可以显示隐藏的"高性能"电源计划。如果要选择 Windows 系统中的电源计划，可以按照下面步骤进行操作：单击"开始"→"控制面板"命令，打开"控制面板"窗口，依次单击"系统和安全"→"电源选项"链接，打开"电源选项"窗口，如图 1-55 所示。

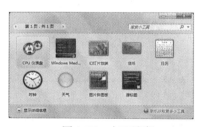

图 1-54　小工具库

图 1-55　"电源选项"窗口

从 Windows 提供的电源计划中，选择下列之一进行操作：

● 平衡（推荐）：对于大多数用户而言，"平衡"电源计划是最佳的电源计划，可以使计算机功耗与性能自动平衡。当需要性能时可以充分发挥计算机的性能；当计算机处于闲置状态时可以自动节省电能。

● 节能：通过降低系统性能和屏幕亮度以节省电能，在笔记本电脑中，使用"节能"电源计划，可以帮助笔记本用户充分使用单一电池电量。

● 高性能：该电源计划将屏幕亮度调到最大，有利于提高计算机性能，但是会使用更多的电能。如果使用的是笔记本，使用该计划会缩短电池的使用寿命。

1.4　Windows 7 任务管理器

Windows 7 引入了很多全新的特性，可以帮助用户更好地判断和解决系统故障问题，同时大大减轻系统维护的压力，包括事件查看器、任务管理器、资源监视器、性能监视器，此处重点介绍任务管理器。

要启动任务管理器，可以使用以下 3 种方法：

● 鼠标右键单击任务栏的空白区域，然后在弹出的快捷菜单中单击"任务管理器"。

● 在"开始"菜单的搜索框中输入"taskmgr"并按回车键。

● 按 Ctrl+Alt+Del 组合键，在随之出现的安全桌面上单击"启动任务管理器"。

（1）任务管理器的"应用程序"选项卡

任务管理器的"应用程序"选项卡中显示的是当前在桌面上打开的窗口名称，如果想关闭其中的某个应用程序，可以选中该程序，然后单击"结束任务"按钮即可。"应用程序"选项卡如图 1-56 所示。

如果希望启动某个新的应用程序，可以单击"新任务"按钮，然后在打开的"创建新任务"对话框中输入所需启动的应用程序路径和名称，单击"确定"按钮即可。创建新任务窗口如图 1-57 所示。

图 1-56　应用程序选项卡

图 1-57　启动某个任务

"应用程序"选项卡常用的一个功能是查看某个桌面窗口所对应的进程，例如，希望查看"日期和时间"窗口所对应的进程，可以用鼠标右键单击"日期和时间"，然后在弹出的快捷菜单中单击"转到进程"，即可切换到"进程"选项卡，用户可以看到所对应的进程是"rundll32.exe"，进程窗口如图 1-58 所示。

（2）任务管理器的"进程"选项卡

在任务管理器的"进程"选项卡中，用户可以查看当前运行进程的详细信息，例如，用户名、CPU占有率、进程 ID 等信息。默认显示的是以当前用户身份启动的进程，如果要显示所有用户所启动的进程，需要单击"显示所有用户的进程"按钮（如果不作说明，以下部分均显示所有用户的进程）。

① 选择所需查看的内容。

在"进程"选项卡中，单击"查看"→"选择列"，打开"选择进程页列"对话框，如图 1-59所示。用户可以选中其中的"PID（进程标识符）"、"用户名"、"内存-工作集"、"内存-专用工作集"、"映像路径名称"、"命令行"等复选框。

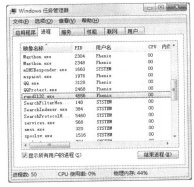

图 1-58　"日期和时间"对应的进程

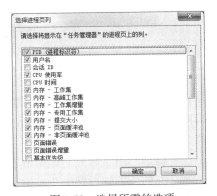

图 1-59　选择所需的选项

② 查看进程的 CPU 占有率。

发现系统响应速度慢，如果怀疑是哪个进程的 CPU 占有率过高，这时可以单击"显示所有用户的进程"按钮，然后在新打开的"任务管理器"窗口的"进程"选项卡中单击"CPU"列，即可将进程 CPU 占有率的高低排序，排列后如图 1-60 所示。这里发现 WinWord.exe 的 CPU 占有率比较高。

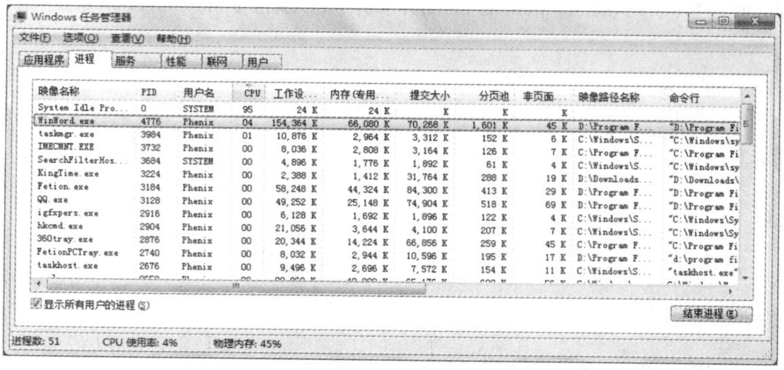

图 1-60　查看 CPU 占有率

③ 查看进程占据的内存容量。

有时候需要了解进程的内存占用情况，可以在"进程"选项卡中查看指定进程的"工作设置（内存）"和"内存（专用工作集）"。其中"工作设置（内存）"是指进程所占用的所有内存空间（包括该进程专用的空间，还有和其他进程共享的空间），"内存（专用工作集）"是指进程占用的专用内存空间。例如，在图 1-61 所示的系统里，WinWord.exe 进程所占的所有内存空间约 158 480KB（约 158MB），而专用空间约 69 240KB（约 69MB），可见还有约 89MB 空间是和别的进程一起共享的。

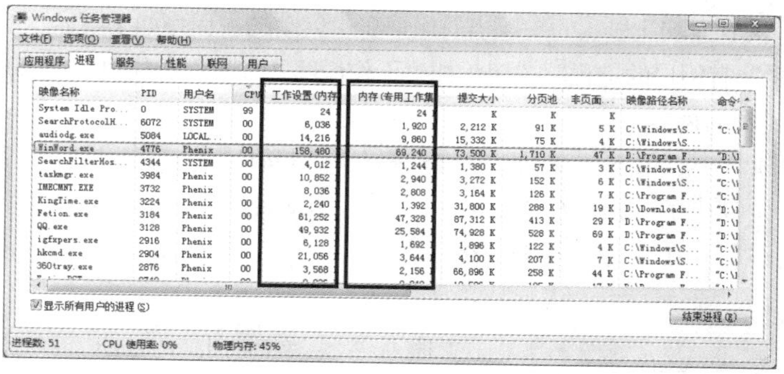

图 1-61　查看内存占用情况

④ 查看进程的确切映像路径和命令行信息。

在 Windows 7 下，可以查看某个进程的映像文件路径和命令行信息，如图 1-62 所示。已经知道"日期和时间"窗口对应的进程是 rundll32.exe，在"进程"对话框中还可以知道"日期和时间"的完整命令行信息。

（3）任务管理器的"服务"选项卡

Windows 7 的任务管理器中新增了一个"服务"选项卡，使用鼠标右键单击某个服务，可以启动或者停止该服务，如图 1-63 所示。在右键菜单中单击"转到进程"，还可以查看该服务所对应的进程。单击该选项卡中的"服务"按钮，可以打开"服务"窗口，对服务进行更详细的设置。

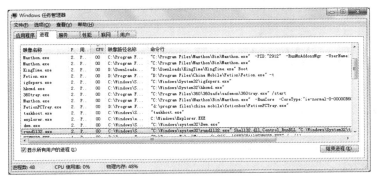

图 1-62　查看进程的命令行信息

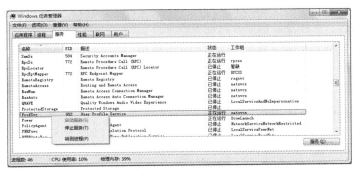

图 1-63　查看服务信息

（4）任务管理器的"性能"选项卡

在任务管理器的"性能"选项卡中，用户可以了解系统当前的性能状况，如图 1-64 所示。

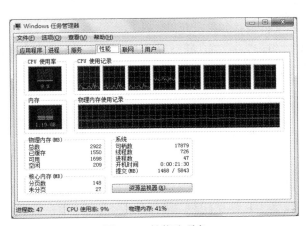

图 1-64　性能选项卡

最上面两个图表显示此刻以及过去几分钟 CPU 的占有率。如果"CPU 使用记录"部分有两个或者多个图表，则表明计算机具有两个 CPU 或者多核的 CPU（如本例所示）。如果"CPU 使用率"的百分比较高，则意味着进程要求大量 CPU 资源，这会使计算机的运行速度减慢。

中间的两个图表显示当前系统所使用的物理内存容量，本例是 1.19GB。"任务管理器"窗口的底部列出了正在使用的内存的百分比（本例是 41%）。

最下面的 3 个列表框显示有关内存和资源使用的各种详细信息。

1.5 Window 7 的文件管理实验

一、实验目的

（1）熟悉 Windows 7 系统的运行环境和操作界面，掌握使用鼠标和键盘进行窗口、对话框、图标等基本操作的方法；

（2）学习和掌握 Windows 7 系统中资源管理器窗口的操作界面和基本操作方法；

（3）学习和掌握 Windows 7 系统下文件操作的基本方法，包括文件和文件夹的建立、复制、移动、删除、重命名、查找及显示修改属性等；

（4）学习和掌握 Windows 7 系统中搜索功能的使用；

（5）学习和掌握 Windows 7 系统下文件的排序、分组和筛选；

（6）学习和掌握 Windows 7 系统中库的创建和使用。

二、实验内容与步骤

1. Windows 7 系统的基本操作

① 双击桌面上的"计算机"图标，或单击"开始"菜单→"计算机"，打开资源管理器窗口。

② 打开导航窗格中"库"→"图片"，选中该文件夹下的一个图片文件，多次单击"显示方式切换开关"上"隐藏预览窗格"按钮，观察文件窗格的显示效果。

③ 单击智能工具栏"组织"→"文件夹和搜索选项"，打开"文件夹选项"对话框，单击"查看"选项卡，在"高级设置"区域取消复选框"隐藏已知文件类型的扩展名"，如图 1-65 所示，单击"应用"按钮，观察文件窗格的显示效果。

④ 单击智能工具栏"组织"→"布局"，依次单击级联菜单中"菜单栏"选项、"细节窗格"选项和"导航窗格"选项，如图 1-66 所示，观察文件窗格的显示效果。

图 1-65 "文件夹选项"对话框

图 1-66 "布局"级联菜单

⑤ 在导航窗格中单击 D 盘驱动器图标，出现如图 1-67 所示的窗口。

⑥ 单击"显示方式切换开关"上"更改视图"图标  的下三角按钮，单击"大图标"视图，如图 1-68 所示，观察文件窗格的显示效果；单击"显示方式切换开关"，单击"列表"视图，观察文件窗格的显示效果；单击"显示方式切换开关"，单击"详细信息"视图，观察文件窗格的显示效果。

图 1-67　资源管理器窗口

图 1-68　显示方式切换开关和更改视图

2. 文件和文件夹操作

① 打开"资源管理器"窗口，在 D 盘的根目录下建立如图 1-69 所示的文件夹结构。创建文件夹的方法是：在资源管理器窗口进入 D 盘根目录后，单击智能工具栏上的"新建文件夹"，设置好文件夹的名称，即可在当前位置下创建一个新文件夹。

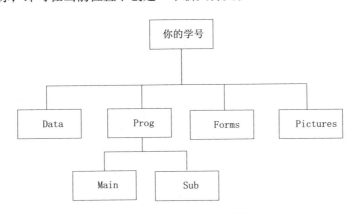

图 1-69　创建的文件夹结构

② 打开 D 盘中的 Data 文件夹，执行如下操作。

a. 打开当前桌面，复制当前桌面（按一下键盘上的"Print Screen"键），打开"画图"应用程序（"开始"菜单→"所有程序"→"附件"→"画图"），单击"剪贴板"→"粘贴"，将当前桌面复制到一个图形文件中，单击快速访问工具栏中的"保存"图标 ，将此图形文件保存在按照步骤①创建的文件夹"Pictures"中，文件名设置为"Ps.bmp"。

b. 打开资源管理器中"图片"库的"示例图片"文件夹，从中选择两个 .jpg 文件复制到"Pictures"文件夹中。

c. 将"示例图片"文件夹中前三个文件复制到文件夹"Data"中。

d. 将"示例图片"文件夹中后三个文件复制到文件夹"Forms"。

e. 打开资源管理器中"音乐"库的"示例音乐"文件夹，从此文件夹中选择两个音乐文件复制到"Data"文件夹中。

f. 在资源管理器中定位到"Pictures"文件夹，选中扩展名为 jpg 的文件，单击智能工具栏的"组织"→"复制"；然后进入到"Data"文件夹，单击智能工具栏的"组织"→"粘贴"，把选中的文件复制到"Data"文件夹下。

g. 打开"资源管理器"，执行如下操作：

● 单击智能工具栏的"组织"→"剪切"和"粘贴"，把"Data"文件夹中的文件移动到文件夹"Prog"中的"Main"下。

● 用鼠标把"Pictures"文件夹拖动到"Forms"文件夹下，完成文件夹的移动。

● 打开"计算器"应用程序（"开始"菜单→"所有程序"→"附件"→"计算器"），对该窗口进行截图（同时按"Alt"和"Print Screen"将其截图到剪贴板中）；然后新建并打开一个 Word 文档，命名为"Copy1.docx"，在 Word 窗口中同时按 Ctrl+V 组合键，即可将剪贴板中的截图粘贴到当前的 word 文档中。将该文档保存在文件夹"Data"中。

● 按住 Ctrl 键，同时用鼠标把"Data"文件夹拖动到"Prog"文件夹下，完成文件夹的复制。

● 在 D 盘根文件夹下再创建一个以自己的姓名为名字的文件夹。

● 用鼠标右键把"Forms"文件夹拖动到以自己命名的文件夹下，松开右键，在弹出的快捷菜单中选取"移动到当前位置"命令，实现文件夹的移动。

● 用鼠标右键把"Data"文件夹拖动到以自己名字命名的文件夹下，松开右键，在弹出的快捷菜单中选取"复制到当前位置"，实现文件夹的复制。

● 用鼠标左键把"你的学号"下的"Data"文件夹拖动到其他驱动器，如 C:\，松开左键后观察以上操作是移动还是复制。

● 用鼠标把"Prog"文件夹拖动到以自己名字命名的文件夹下。

● 选定"你的学号"下的文件夹"Data"，把它改名为"Music"；把"你的姓名"下的文件夹"Prog"改名为"Doc"。

● 单击智能工具栏的"组织"→"Delete"，删除"Music"文件夹。

● 双击桌面上的"回收站"图标，打开"回收站"程序窗口，查看有没有刚刚被删除的文件夹。选中该文件夹，单击智能菜单中的"还原该项目"命令将其恢复（注意观察被恢复的是哪个文件夹）。

● 完成上述操作后文件夹结构如图 1-70 所示。

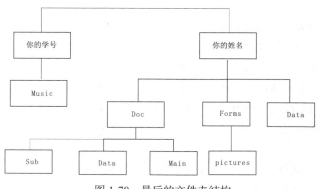

图 1-70 最后的文件夹结构

3.　文件排序、分组和筛选

①　在资源管理器中打开"Main"文件夹，在文件窗格的空白处右键单击，打开快捷菜单，在"排序方式"级联菜单中单击"类型"和"递增"，查看文件窗格的效果；再单击"大小"和"递减"，查看文件窗格的效果。

②　在文件窗格的空白处右键单击，打开快捷菜单，在"分组依据"级联菜单中单击"类型"和"递增"，查看文件窗格的效果；再单击"名称"和"递增"，查看文件窗格的效果。再单击"大小"和"递增"，查看文件窗格的效果。

③　将当前视图切换为"详细信息"，随后在文件窗格的上方会看到新出现的属性列，用鼠标指针指向属性列"类型"后，单击右侧出现的下三角按钮 ▼，单击"JPEG 图像"，观察文件窗格的效果；单击"MP3 文件"，观察文件窗格的效果。用鼠标指针指向属性列"大小"后，单击右侧出现的下三角按钮 ▼，观察文件窗格的效果。

4.　搜索功能的使用

①　在资源管理器中打开"Main"文件夹，在搜索框中输入"*.jpg"（"*"为通配符），回车后，查看文件窗格中的搜索结果。

②　在搜索结果的底部有一个再次搜索的选项，单击图标 ＿库，扩大搜索范围到"库"，再次进行搜索，查看文件窗格中的搜索结果。

③　在搜索结果的底部有一个再次搜索的选项，单击图标 自定义...，在打开的对话框中指定特定的目录，再次进行搜索，查看文件窗格中的搜索结果。

5.　库的创建和使用

①　在资源管理器的导航窗格中右键单击"库"节点，在出现的快捷菜单中单击"新建（W）"→"库"，设置库的名称"大基课程"，查看导航窗格的变化效果。

②　单击"大基课程"库节点，文件窗格为空，如图 1-71 所示。单击"包括一个文件夹"，在打开的对话框中选择一个具体的文件夹，此时在文件窗格中可以看到该文件夹中的内容。

③　在资源管理器中选中一个文件夹，右键单击，在快捷菜单中单击"包含到库中"→"大基课程"，此时再次单击"大基课程"库节点，观察该库中的内容。

④　在"大基课程"库节点的最后一个子文件夹中新建一个文本文件，然后在资源管理器中打开该文件夹，查看文件夹中的内容。

图 1-71　空的"大基课程"库

三、自测练习

【考查的知识点】熟悉 Windows 7 的基本元素及其概念，掌握窗口、对话框、图标、任务栏和"开始"菜单的基本操作方法；掌握创建快捷方式图标的方法；"资源管理器"窗口的基本操作；文件和文件夹的操作，包括建立、复制、移动、删除、查找并修改属性等；回收站的基本操作。

【练习步骤】

（1）窗口的基本操作。

①　打开"资源管理器"窗口，分别使其处于最大化、最小化和还原状态。移动、放大或缩小窗口。分别用"缩略图"、"图标"、"平铺"、"列表"和"详细信息"显示，对照不同的效果。

②　对 D:\盘中的文件夹和文件，分别用"按名称"、"按类型"、"按大小"和"按日期"

进行排列，对照不同的效果。

③ 用不同的方式关闭窗口。

（2）图标的操作。

① 在桌面上创建一个名为 Myfolder 的新文件夹和一个名为 file1 的文本文档。

② 在桌面上为画图应用程序创建一个名为 MS-Word 的快捷方式图标，再为 C 盘子文件夹 Windows 下的 notepad.exe 文件创建名为 notepad 的快捷方式，理解应用程序快捷方式图标的意义。

③ 在 D 盘窗口中创建名为一个 Diskfolder 的新文件夹和一个名为 Document 的 Word 文档（注意掌握创建 Word 文档的方法）。

④ 对桌面上的图标进行移动、排列操作。

⑤ 用不同的方式删除桌面上新建的 Myfolder、file1、MS-Word 和 notepad 4 个图标。

（3）练习帮助功能。

单击"开始"菜单右侧的"帮助和支持"，打开"Windows 帮助和支持"窗口，练习使用系统帮助功能。

（4）文件和文件夹操作。

① 在 D 盘上建立 folder1、folder2 文件夹，在 folder1 文件夹下建立 folder3 文件夹。

② 在 D 盘上 folder2 文件夹中建立一个名为 abc 的文本文件和一个名为 abc 的 Word 文档，试比较这两种类型文件的区别。分别双击这两个文件，观察打开的记事本和 Word 应用程序窗口。操作之后关闭这两个窗口。

③ 将 D 盘上 folder2 文件夹移动到 C 盘的根文件夹下，并将文件夹名改为"folder_Disk"。

④ 将 C 盘 folder_Disk 文件夹中的 abc.txt 文件删除，放入回收站。从 C 盘彻底删除 abc.doc 文件（选中该文件，同时按"Shift"和"Delete"，即为彻底删除）。

⑤ 使用回收站恢复被删除的 abc.txt 文件。恢复之后，打开 C 盘 folder_Disk 文件夹，查看被恢复的文件。之后从 C 盘彻底删除 folder_Disk 文件夹。

⑥ 在 C 盘查找文件名为*.exe 的文件（注意它们的存放位置），选择其中日期最新的 5 个文件，把它们复制到 folder1 文件夹中。

⑦ 查找 C 盘所有扩展名为.com 的文件，选择其中 5 个字节数较少的复制到 D 盘 folder1 文件夹内。查看它们的大小及创建日期等文件属性。

（5）回收站的操作。

操作步骤如下所述。

① 查看回收站的属性，并设置回收站空间为 5GB。

② 清空回收站。

1.6 Windows 7 系统设置和应用程序操作实验

一、实验目的

（1）掌握记事本、计算器及画图等 Windows 7 应用程序的基本操作；

（2）掌握 Windows 7 环境下中文输入法的启动和切换方法；

（3）了解系统设置的内容，掌握常用系统参数的设置方法；

（4）掌握创建快捷方式的方法；

（5）掌握设置桌面背景及窗口外观等操作。

二、实验内容与步骤

1. 记事本、计算器及画图等 Windows 7 应用程序的基本操作

（1）记事本

① 单击"开始"菜单→"所有程序"→"附件"→"记事本"，启动记事本应用程序。"记事本"窗口如图 1-72 所示。

图 1-72　"记事本"窗口

② 汉字输入练习。

● 单击任务栏指示区的输入法图标，显示如图 1-73 所示的输入法列表。

● 单击"微软拼音 – 新体验 2010"选项，出现如图 1-74 所示的微软拼音输入法状态条。

图 1-73　输入法列表　　　　图 1-74　微软拼音–新体验 2010 输入法状态条

● 反复按 Ctrl+空格键，在中文输入状态和英文输入状态之间进行切换。

● 在窗口文本编辑区中输入汉字：

北京科技大学，简称北科大，1952 年由北洋大学、清华大学等六所著名大学的矿冶科系组建而成。

● 切换输入法，单击任务栏指示区的输入法指示，从输入法列表中选择另一种中文输入法，继续输入汉字：

1997 年 5 月，学校首批进入国家"211 工程"建设高校行列。2006 年，学校成为首批"985 工程优势学科创新平台"建设项目试点高校。2010 年成为"卓越工程师教育培养计划"高校。建校六十年来，学校为社会培养各类人才十五万人，被誉为"钢铁摇篮"和"市长摇篮"。

● 反复按 Ctrl+Shift 组合键，观察输入法的变化。

③ 保存文本：将输入的文本保存在学生盘（D:），命名为"abc.txt"。

④ 关闭"记事本"窗口。

（2）计算器

① 单击"开始"菜单→"所有程序"→"附件"→"计算器"，启动计算器应用程序，"计算器"窗口如图 1-75 所示。

图 1-75　"计算器"窗口

② 简单计算。操作步骤如下所述。

● 算术运算。计算公式：144×95-210。

● 数制转换。单击"查看"菜单中的"程序员"命令，窗口显示科学型计算器时，默认为十进制数输入。此时输入：230，选中"十六进制"单选按钮及"字节"单选按钮，得到数制转换后的结果：E6；再选中"二进制"单选按钮，得到对应的二进制数：11100110。

● 逻辑运算。选中"十六进制"单选按钮及"字"单选按钮，输入：FF，然后单击 Not 按钮，得到逻辑非运算结果：FF00；再单击 And 按钮，输入：2A50，并单击"="按钮，得到逻辑与运算结果：2A00。

● 单击"查看"菜单中和"科学型"命令，窗口显示科学型计算器时，了解 sin、tan、Hyp 等各函数功能按钮，并学习使用这些按钮进行函数运算。

③ 关闭"计算器"窗口。

（3）画图程序

① 单击"开始"菜单→"所有程序"→"附件"→"画图"，启动画图应用程序。"画图"程序窗口如图 1-76 所示。

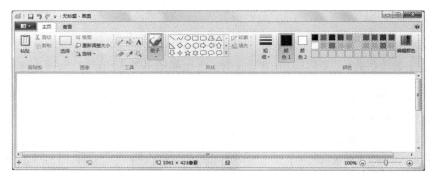

图 1-76　"画图"窗口

② 画图练习。操作步骤如下所述。

● 绘制图形。了解绘图程序选项卡上各功能按钮的作用，并学习使用直线、矩形、椭圆形等按钮画图。从"形状"功能区中选择绘制的图形。当按住 Shift 键画图时，可以画 45 度斜线、正方形和圆形。

● 选择颜色。可在"颜色"功能区中选择线条颜色，"颜色 1"表示前景色，"颜色 2"表示背景色。左键拖动鼠标时使用颜色 1 画图，右键拖动鼠标时使用颜色 2 画图。单击"填充"按钮，然后选择某个形状进行绘图时，左键拖动鼠标可以用颜色 1 画边框，颜色 2 填充，反之用右键拖动鼠标画图时，则用颜色 2 画边框，用颜色 1 填充。

● 添加文字。单击"主页"选项卡上"工具"功能区的按钮 A，并在绘图工作区中拖动鼠标，画出文本输入区，输入文本："这是我的第一张图画"。使用文字工具选项卡设置文本的字体和字号如图 1-77 所示。

● 擦除图形。单击"工具"功能区的橡皮擦按钮 ，然后拖动鼠标擦除相应的区域。

● 保存文件。单击快速访问工具栏的"保存"按钮，在"保存为"对话框中选择保存位置为学生盘（D 盘或 E 盘），输入文件名为"abc"，单击"保存"按钮。

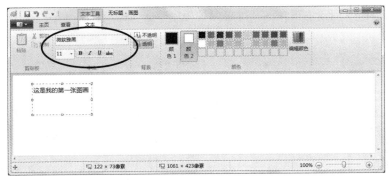

图 1-77 在绘图程序中添加文字

③ 关闭"画图"窗口。

2．Windows 7 快捷方式的使用以及桌面和系统属性设置

（1）快捷方式的创建

① 单击"开始"菜单中的"所有程序"子菜单中的"附件"子菜单中的"计算器"，如图 1-78 所示。按住鼠标左键将"计算器"图标拖至桌面，即在桌面上创建"计算器"的快捷方式，将其改名为"Calculator2"：

② 按上面的操作方式创建"画图"程序的快捷方式，并存放到文件夹"我的文档"中；

③ 创建"控制面板"中"日期和时间"的快捷方式，并存放在文件夹"我的文档"中。

图 1-78 打开"计算器"

（2）桌面设置

① 在桌面空白处单击鼠标右键，在弹出的快捷菜单中单击"个性化"，弹出如图 1-79 所示的对话框。

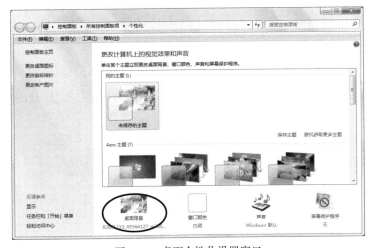

图 1-79 桌面个性化设置窗口

② 单击的"桌面背景"出现如图 1-80 所示的"桌面"设置，选择"图片位置"及想要设置为桌面的一组图片、"图片位置"为"填充"。

③ 选择如图 1-79 所示右下角的"屏幕保护程序"选项，设置屏幕保护程序为"三维文字"如图 1-81 所示。

图 1-80　桌面设置　　　　　　　　　　　图 1-81　屏幕保护程序设置

④ 在桌面空白处单击鼠标右键，在弹出的快捷菜单中单击"屏幕分辨率"，弹出如图 1-82 所示的对话框。分别设置"分辨率"为"1280×800"、"800×600"，"方向"为"横向"、"纵向"，对比设置后的效果。

图 1-82　屏幕分辨率设置

（3）熟悉"控制面板"，进行部分系统属性的设置

① 从"我的电脑"窗口的快速工具栏中单击"打开控制面板"，"控制面板"窗口如图 1-83 所示。

图 1-83　"控制面板"窗口

　　② 系统日期/时间设置：单击"控制面板"窗口→"日期和时间"→"更改日期和时间"，弹出如图 1-84 所示的"日期和时间设置"对话框，进行如下设置。

　　● 单击图 1-85 中"2013 年 6 月"的位置，观察日期框的变化，并将当前日期改为 2010 年 10 月 25 日。

　　● 单击时间框，将当前时间改为 15:25，之后单击"确定"按钮。

　　③ 区域设置：单击"控制面板"窗口→"区域和语言"，单击"格式"选项卡，打开如图 1-85 所示的对话框。

图 1-84　"日期和时间设置"对话框

图 1-85　区域和语言设置

　　● 选择短时间和长时间为：tt　hh:mm 和 tt　hh:mm:ss（即为 12 小时制时，前面加"上午"或"下午"），单击"应用"按钮。

　　● 选择短日期形式为：yy/M/d，长日期形式为：yyyy'年'M'月'd'日'，单击"应用"按钮。

　　● 了解"其他设置"中"数字"、"货币"选项卡的各种参数设置。

　　④ 输入法设置：在"控制面板"窗口中依次单击"区域和语言"、"键盘和语言"选项卡、"更改键盘"按钮，打开"文字服务和输入语言"对话框，如图 1-86 所示。

　　● 在列表框单击"微软拼音 – 新体验 2010"选项，单击"属性"按钮，设置拼音设置为"全拼"，单击"确定"按钮。

　　● 通过"上移"、"下移"改变输入法的位置，再单击"确定"按钮。观察设置之后系统输入法切换状态的变化。

　　⑤ 鼠标属性设置：在"控制面板"窗口中单击"鼠标"，弹出如图 1-87 所示的"鼠标　属性"对话框，进行如下设置。

图 1-86　"文字服务和输入语言"对话框

图 1-87　"鼠标　属性"对话框

● 打开"鼠标键"选项卡，选中"切换主要和次要的按钮"将鼠标右键设置为主要按键，体会鼠标使用的不同。取消选中，恢复原来的设置。

● 打开"指针"选项卡，设置鼠标使用方案为"放大（系统方案）"，体会鼠标指针的变化。

⑥ 键盘属性设置：在"控制面板"窗口中单击"键盘"，弹出如图 1-88 所示的"键盘 属性"对话框，进行如下设置。

● 设置"光标闪烁速度"为"快"，"字符重复"的"重复延迟"为"长"。打开一个 Word 文档，体会键盘属性改变的影响。

● 恢复原来的键盘属性设置。

图 1-88 "键盘 属性"对话框

⑦ "系统属性"对话框及设备管理器：单击"控制面板"窗口→"系统"，弹出如图 1-89 所示的"系统属性"对话框，进行如下操作。

● 观察窗口信息，了解本机安装的 Windows 版本，CPU 以及内存配置等。

● 打开"设备管理器"选项，显示如图 1-90 所示的"设备管理器"窗口，观察了解本机的硬件配置。

● 关闭"设备管理器"窗口及"系统属性"窗口。

图 1-89 系统属性设置

图 1-90 "设备管理器"窗口

三、自测练习

（1）自测练习 1

【考查的知识点】控制面板的使用与基本的系统设置。

【练习步骤】

① 将系统日期设置为：2013 年 11 月 18 日，时间设置为：12:30，同时按 24 小时制显示。设置之后观察任务栏时间指示的变化；在学生盘（D 盘或 E 盘）新建一个名为 ex1.txt 的文件，在"我的电脑"或"资源管理器"窗口观察该文件的建立日期。

通过执行窗口显示菜单的"详细信息"命令使窗口显示文件的详细信息。

②　通过"个性化"改变桌面主题（主题任选，非 Windows 7 默认主题即可）；设置屏幕保护程序为三维文字，并设置文字为"HELLO"，表层样式为纹理，旋转样式为摇摆式；等待时间为 1 分钟。

③　将鼠标操作设置为右手方式，键盘光标闪烁为无，默认的输入法为全拼输入法。

此项练习操作之后应该恢复控制面板的原有设置。

（2）自测练习 2

【考查的知识点】记事本应用程序的基本操作；中文输入方法的启动和切换；在"记事本"窗口进行汉字输入练习。

【练习步骤】

①　打开"记事本"窗口，输入以下文字（方框中的文字部分）。

> **网络文化信息素养**
>
> 　　现代文明人的确需要一种新的文明素养——网络文化信息素养，才能适应信息社会的需要，上网要科学安排。
> 　　一是要控制上网操作时间，每天累积不应超过 5 小时，且在连续操作一小时后应休息 15 分钟；二是上网之前先明确上网的任务和目标，把具体要完成的工作列在纸上。

②　将输入的文本保存到学生盘下的个人目录中，文件名为：ex2.txt，之后关闭"记事本"窗口。

③　修改学生盘下的个人目录中的 ex2.txt 文件，在文件末尾增加以下文字：

> 　　三是上网之前根据工作量先限定上网时间，准时下网或关机。

④　保存文件并关闭"记事本"窗口。

（3）自测练习 3

【考查的知识点】计算器应用程序的基本操作。

【练习步骤】

①　打开"计算器"窗口。

②　使用计算器求 sin 30°+cos 60° 的值。

③　将十进制数 12456 分别转换为双字的十六进制数、八进制数和二进制数。

④　练习三角函数的计算。

（4）自测练习 4

【考查的知识点】画图应用程序的基本操作。

【练习步骤】

①　使用画图程序画一张贺年卡，并写上祝福语：恭贺新禧。将图画保存在学生盘的个人目录下，文件名为：ex4-1.bmp。

②　将贺年卡的祝福语改变为：新年快乐，万事如意。并修改图画的颜色，之后单击"文件"菜单中的"另存为"命令保存到学生盘的个人目录下，文件名为 ex4-2.bmp。

（5）自测练习 5

【**考查的知识点**】创建快捷方式的基本操作。

【**练习步骤**】

① 在学生盘根文件夹下为"计算器"应用程序建立一个名为 calculator 的快捷方式图标。双击该图标，运行计算器应用程序。运行之后关闭程序窗口。

② 在学生盘根文件夹下为"记事本"应用程序建立一个名为 Edit 的快捷方式图标。双击该图标，运行编辑器应用程序。运行之后关闭程序窗口。

第2章
Word 2010 的使用

Word 2010 是目前最灵活、最直观、自定义程度最高的常用文字处理软件。具有强大的文字编辑、排版功能，同时还提供表格制作、图文混排、特殊文本效果等多种功能。本章采取案例的形式介绍 Word 2010 的使用。

2.1 Word 2010 的功能简介

Word 2010 提供了丰富的工具，有效地表达用户的创意思想，便于用户创建和编辑具有专业外观的文档，如信函、论文、报告、小册子等；还具有一些特殊的功能，如截屏截图、背景移除、屏幕取词、新的 SmartArt 模板、作者许可、Office 打印选项等。

1. 屏幕截图

在 Windows 屏幕截图，都需要安装专门的截图软件，或者使用键盘上的 Print Screen 键来完成，而 Word 2010 内置了屏幕截图功能，图片按需截取后，可将截图即时插入到文档中；同时利用图片编辑窗口，可对图片进行编辑。

单击"插入"选项卡→"插图"组→"屏幕截图"→"屏幕剪辑"，如图 2-1 所示。可将自由截取的屏幕图片，插入到当前文档中。

图 2-1 屏幕截图操作过程图示

2. 背景移除

在 Word 2010 中，可对图片进行简单的抠图操作，可以消除图片的背景，以强调或突出图片的主题，或消除杂乱的细节，而不再需要 Photoshop。当鼠标单击图片，主窗口上方出现"图片工具/格式"选项卡，将编辑模式切换到图片工具格式模式，单击"图片工具/格式"选项卡→"调整"组→"删除背景"，如图 2-2 所示，可对图片背景处理。

图 2-2   "图片工具/格式"选项卡

3. 导航窗格

在 Word 2010 可以便捷地查找信息和定位关键字，方便长篇文档的编辑。Word 2010 能够快速查阅特定的段落、页面、文字和对象，有文档标题导航、文档页面导航、关键字导航、特定对象导航。单击"视图"选项卡→"显示"组→"导航窗格"，如图 2-3 所示，即可在主窗口的左侧打开导航窗格。

图 2-3   "视图"选项卡

在导航窗格搜索框中输入要查找的关键字后，单击后面的"放大镜"按钮，在导航窗格中，则可以列出整篇文档所有包含该关键词的位置，搜索结果快速定位并高亮显示与搜索相匹配的关键词，如图 2-4 导航窗格所示。也可在导航窗格中查看该文档的所有页面的缩略图，通过缩略图便能够快速定位到该页文档了。

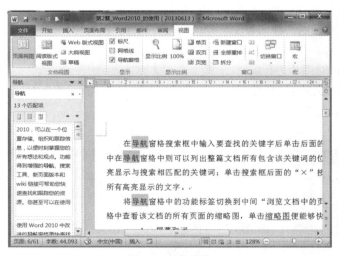

图 2-4   导航窗格

4. 屏幕取词

在 Word 2010 中具有文档翻译、选词翻译和英语助手之外，还具有"翻译屏幕提示"的功能，可以像电子词典一样进行屏幕取词翻译。

用 Word 2010 打开一篇文档，单击"审阅"选项卡→"语言"组→"翻译"→"选择转换语言"，如图 2-5 所示。在"翻译语言选项"对话框中，可以选择翻译语言，如图 2-6"翻译语言选项"对话框所示进行设置后，单击"审阅"选项卡→"语言"组→"翻译"→"翻译屏幕提示（英语助手：简体中文）"，之后，在文档中移动鼠标，当鼠标在某词语处停留，即会出现翻译结果浮动窗口，如图 2-7 所示。在窗口内单击"播放"按钮时即可真人发音朗读该单词或英语短句。若想要更深入的了解和学习这个单词，还可以单击浮动窗口左下角的"展开"按钮，这时在 Word 2010 窗口右侧将展开一个侧边栏，显示该单词的详细解释和例句，如图 2-8 所示。

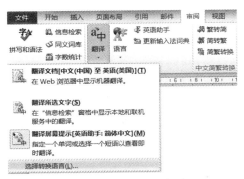

图 2-5　屏幕翻译下拉菜单

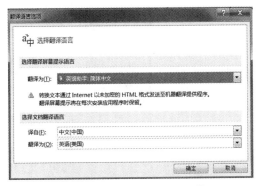

图 2-6　"翻译语言选项"对话框

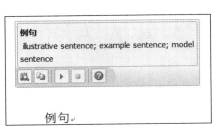

图 2-7　翻译结果浮动窗口

图 2-8　展开详细解释

5. 轻松写博客

Word 2010 可以把 Word 文档直接发布到博客，而不需要登录博客 Web 页，利用博客提供的在线编辑工具来写文章，同时 Word 2010 具有强大的图文处理功能，设计精美的博客文章。

单击"文件"选项卡→"新建"，即可打开"新建"列表，如图 2-9 所示。单击"新建博客文章"→右下角的"创建"按钮。根据提示信息和向导，完成博客账户的建立，编辑好博客文章以后，可以直接将文章发布到博客上。

6. 文字视觉效果

在 Word 2010 中可以为文字添加图片特效，可得到特殊效果的文字，代替艺术字。例如，设置文字阴影、凹凸、发光、反射、棱台以及渐变填充等。

单击"开始"选项卡→"字体"组→"文本效果"，当在下拉列表中选择文字的特效类型时，Word 2010 文档中选取的文字也随之发生变化，如图 2-10 所示。

图 2-9　利用博客模板写博客

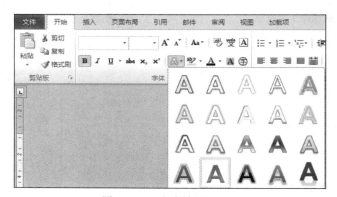

图 2-10　"文本效果"设置

7. 图片艺术效果

Word 2010 的图片编辑工具，用户可以选择所需要的效果，无需其他的照片编辑软件，即可插入、剪裁和添加图片特效，更改颜色和饱和度，调整色调，设置图片锐化、柔化、亮度和对比度，可轻松、快速将简单的文档转换为艺术作品。

单击"插入"选项卡→"插图"组→"图片"，在"插入图片"对话框中选择要编辑的图片，将图片插入 Word 文档的指定位置。

选中图片，单击"图片工具/格式"选项卡→"调整"组→"更正"，在下拉列表中有图片锐化、柔化、亮度和对比度设置等图标，用户根据需要选取目标效果；单击"颜色"，在弹出的颜色调整列表中用户可以对图片的颜色、饱和度、色调等进行调整，也可以对图片重新进行着色；单击"艺术效果"，在弹出的下拉列表中用户可以将图片处理成素描、线条图、粉笔素描、拼贴画、胶片颗粒、玻璃效果等多种特殊的艺术效果，如图 2-11 所示。

8. SmartArt 图表

Word 2010 提供了大量的 SmartArt 模板，提供丰富多彩的各种图表绘制功能；利用 SmartArt 可以轻松制作出精美的业务流程，同时 SmartArt 中的图形功能也可以将点句列出的文本转换为引人注目的视觉图。

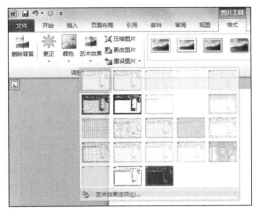

图 2-11　添加特殊效果

单击"插入"选项卡→"插图"组→"SmartArt"，弹出"选择 SmartArt 图形"对话框，如图 2-12 所示。在对话框中，用户可以选择所需要的图片、图表插入文档中。

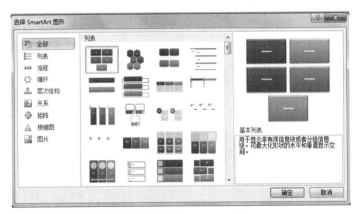

图 2-12　选择 SmartArt 图形

9. 库管理

"库"就是一些预先格式化的内容集合，如"页眉库"、"页脚库"、"表格库"等。在 Word 2010 文档窗口中，用户通过使用这些具有特定格式的库可以快速完成一些版式或内容方面的设置。例如，单击"插入"选项卡→"表格"，可以从"快速表格库"中选择已经预格式化的表格。Word 2010 中的库主要集中在"插入"选项卡，用户也可将自定义的设置添加到特定的库中，以便减少重复操作。

2.2　Word 2010 窗口的基本组成

单击"开始"→"所有程序"→"Microsoft Office"→"Microsoft Word 2010"，即可启动 Word 2010。启动后 Word 2010 的界面如图 2-13 所示。

1. 工作区

用户输入文字、表格、图形等文档内容的区域。编辑区中有一个闪烁的"I"形光标，称为插入点，允许在插入点所在处输入或修改文档的内容。使用键盘、光标移动键或用鼠标单击，可以使插入点移动到新的位置。

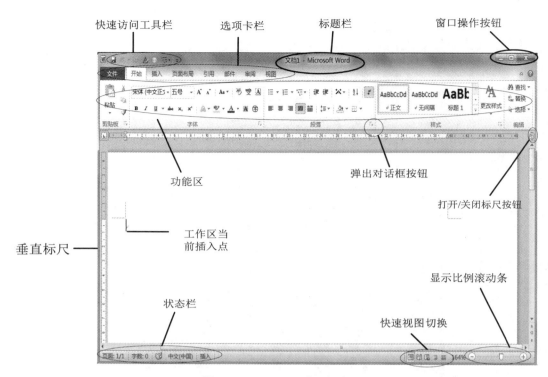

图 2-13　Word 2010 窗口组成

2. 快速访问工具栏

Word 2010 文档窗口中的"快速访问工具栏"默认位于窗口的左上角，用于放置使用频率比较高的命令，从而提高和简化用户工作。"快速访问工具栏"默认的 3 个命令按钮：保存、撤销和重复，用户可以根据需要自行添加和删减命令按钮。鼠标放置在功能区的任意位置，打开右键快捷菜单，如图 2-14 所示。在快捷菜单中，单击"添加到快速访问工具栏"命令，可将相应的命令添加到"快速访问工具栏"中；也可在快捷菜单中单击"自定义快速访问工具栏"命令，进入"快速访问工具栏设置"对话框，自行选择所需命令进行设置；还可以在"快速访问工具栏"的右侧选择"自定义快速访问工具栏"，在下拉菜单中可以快捷地增删"快速访问工具栏"上的命令按钮。

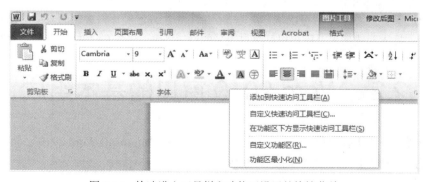

图 2-14　快速进入工具栏和功能区设置的快捷菜单

3. 功能区

在 Word 2010 中，将传统的菜单栏和工具栏整合在一起，形成高效率的功能区。在 Word 2010

窗口上方看起来像菜单的名称作为每个选项卡名称,每个选项卡根据功能的不同又分为若干个组,每个组下面有一系列相关的命令按钮。默认状态下,Word 2010 有文件、开始、插入、页面布局、引用、邮件、审阅和视图 8 个选项卡,但随着操作对象不同,选项卡数量会发生变化,用户也可自定义功能区的形式,增删选项卡。

● "开始"选项卡。

"开始"选项卡默认状态下包括剪贴板、字体、段落、样式和编辑 5 个组,如图 2-15 所示,主要用于帮助用户对 Word 2010 文档进行文字编辑和格式设置,是用户最常用选项卡。

图 2-15　"开始"选项卡

● "插入"选项卡。

"插入"选项卡默认状态下包括页、表格、插图、链接、页眉和页脚、文本、符号 7 个组,如图 2-16 所示,主要用于在 Word 2010 文档中插入各种元素。

图 2-16　"插入"选项卡

● "页面布局"选项卡。

"页面布局"选项卡默认状态下包括主题、页面设置、稿纸、页面背景、段落、排列 6 个组,如图 2-17 所示,用于帮助用户设置 Word 2010 文档页面样式。

图 2-17　"页面布局"选项卡

● "引用"选项卡。

"引用"选项卡默认状态下包括目录、脚注、引文与书目、题注、索引和引文目录 6 个组,如图 2-18 所示,用于实现在 Word 2010 文档中插入目录等比较高级的功能。

图 2-18　"引用"选项卡

● "邮件"选项卡。

"邮件"选项卡默认状态下包括创建、开始邮件合并、编写和插入域、预览结果和完成 5 个组,如图 2-19 所示,该功能区的作用比较专一,专门用于在 Word 2010 文档中进行邮件合并方面的操作。

图 2-19　"邮件"选项卡

● 　"审阅"选项卡。

"审阅"选项卡默认状态下包括校对、语言、中文简繁转换、批注、修订、更改、比较和保护
8 个组，如图 2-20 所示，主要用于对 Word 2010 文档进行校对和修订等操作，适用于多人协作处
理 Word 2010 长文档。

图 2-20　"审阅"选项卡

● 　"视图"选项卡。

"视图"选项卡默认状态下包括文档视图、显示、显示比例、窗口和宏 5 个组，如图 2-21 所
示，主要用于帮助用户设置 Word 2010 操作窗口的视图类型，以方便操作。

图 2-21　"视图"选项卡

4. 快速视图切换

Word 2010 中提供了多种不同的文档显示方式，以便从不同的侧面展示一个文档的内容。每
种显示方式称为一种视图。Word 中常用的视图有普通视图、页面视图、大纲视图、Web 版式视图
等。其中页面视图是一种"所见即所得"的视图方式，可以显示整个文档中正文、图形、表格、
文本框、页眉、页脚等所有元素以及它们在页面中的分布情况，能够反映打印后的真实效果。各
个视图之间的切换可简单通过状态栏右方的视图命令来实现。

5. 标尺

Word 2010 窗口中包含水平标尺和垂直标尺，分别位于编辑区的上方和左侧。利用标尺可以
查看或设置页边距、调整表格的行高、列宽，还可以改变插入点所在段落的缩进方式，调整段落
的左、右边界。水平标尺上包含了 4 个缩进游标：首行缩进、悬挂缩进、左缩进和右缩进，它们
分别用来设定段落的缩进格式。

6. 状态栏

位于 Word 2010 窗口底部，用于显示当前操作的各种状态以及相应的提示信息。状态栏左侧
显示页面信息、字数统计、校对错误、插入/改写状态；状态栏的右侧有页面视图、阅读版式视图、
Web 版式视图、大纲视图和显示比例。

7. 任务窗格

Word 2010 窗口文档编辑区的左侧或右侧会在"适当"的时间被打开相应的任务窗格，在任务窗格中为用户提供所需要的常用工具或信息，帮助用户快速顺利地完成操作。编辑区左侧的任务窗格有审阅窗格、导航窗格和剪贴板窗格，编辑区右侧的任务窗格有剪贴画、样式、邮件合并和信息检索（信息检索、同义词库、翻译和英语助手）。

通过 Word 提供的帮助功能获取帮助是非常重要的，单击"文件"选项卡→"帮助"→"Microsoft Office 帮助"，或者通过 F1 快捷键打开系统的"Word 帮助"窗口，通过搜索功能可以查询需要帮助的主题。除此之外，用户还可以通过微软提供的在线帮助系统获取在线的帮助。

2.3　Word 2010 基本操作实验

一、实验目的

（1）掌握 Word 2010 的启动和退出操作方法，熟悉 Word 2010 的操作界面；
（2）掌握 Word 文档管理的基本操作和各种文档编辑操作方法；
（3）熟练掌握 Word 2010 文档格式编排操作，设置文档的字符、段落、页面及其他格式；
（4）掌握文档输出的操作方法，能够进行文档的预览与输出。

二、实验内容和操作步骤

建立一个文件名为"大学生日常行为规范.docx"的 Word 文档，输入文档内容和格式，如图 2-22 所示。

1. Word 2010 的启动和退出

Word 的启动有多种方式，下面介绍常用的 3 种。

① 在 Windows 7 下，单击"开始"菜单→"所有程序"→"Microsoft Office"→"Microsoft Word 2010"命令，即可启动 Word。

② 如果安装 Office 后，桌面设置了 Word 的快捷方式，则可通过双击桌面上的快捷方式图标启动 Word。

③ 通过双击一个已经存在的 Word 文档打开该文档，从而启动 Word。采用这种方式启动，则会在窗口编辑区中显示已有文档内容，同时"保存"操作时不必再为文档重新命名。

采用前两种方式打开 Word 窗口，系统会自动建立一个名为"文档 1"的空文档，在进行"保存"操作时允许用户为其命名。

关闭 Word 程序的方法也有很多种，下面列举 2 种。

① 单击"文件"选项卡→"退出"命令。

② 单击 Word 窗口右上角的"关闭"按钮。

如果在文档中输入了新的内容或编辑修改过文档内容而又未进行"保存"操作，在关闭 Word 窗口时会出现提示框，要求确认是否保存文档。

2. 文档管理操作

（1）输入文本和保存文档

启动 Word 2010，在系统自动创建的空文档"文档 1"中输入如图 2-22 所示文字。

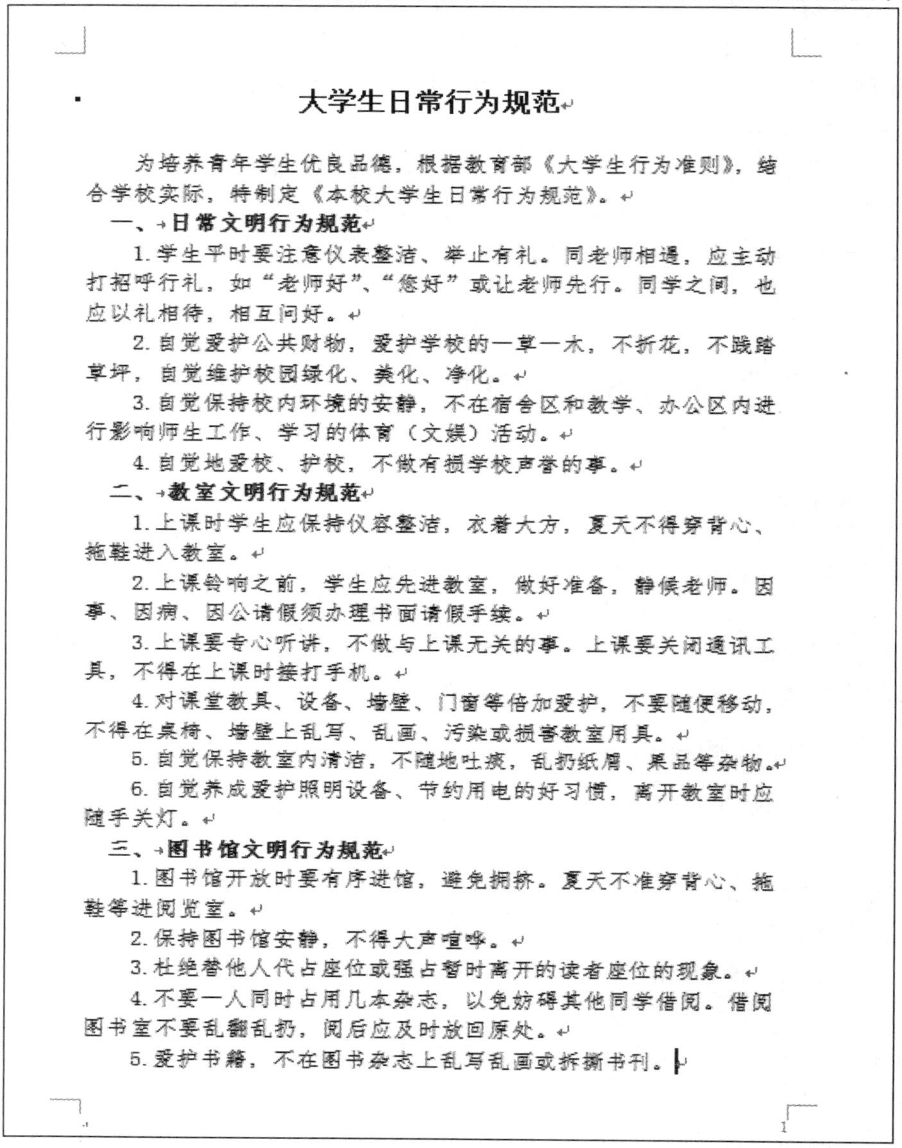

大学生日常行为规范

为培养青年学生优良品德，根据教育部《大学生行为准则》，结合学校实际，特制定《本校大学生日常行为规范》。

一、日常文明行为规范

1. 学生平时要注意仪表整洁、举止有礼。同老师相遇，应主动打招呼行礼，如"老师好"、"您好"或让老师先行。同学之间，也应以礼相待，相互问好。

2. 自觉爱护公共财物，爱护学校的一草一木，不折花，不践踏草坪，自觉维护校园绿化、美化、净化。

3. 自觉保持校内环境的安静，不在宿舍区和教学、办公区内进行影响师生工作、学习的体育（文娱）活动。

4. 自觉地爱校、护校，不做有损学校声誉的事。

二、教室文明行为规范

1. 上课时学生应保持仪容整洁，衣着大方，夏天不得穿背心、拖鞋进入教室。

2. 上课铃响之前，学生应先进教室，做好准备，静候老师。因事、因病、因公请假须办理书面请假手续。

3. 上课要专心听讲，不做与上课无关的事。上课要关闭通讯工具，不得在上课时接打手机。

4. 对课堂教具、设备、墙壁、门窗等倍加爱护，不要随便移动，不得在桌椅、墙壁上乱写、乱画、污染或损害教室用具。

5. 自觉保持教室内清洁，不随地吐痰，乱扔纸屑、果品等杂物。

6. 自觉养成爱护照明设备、节约用电的好习惯，离开教室时应随手关灯。

三、图书馆文明行为规范

1. 图书馆开放时要有序进馆，避免拥挤。夏天不准穿背心、拖鞋等进阅览室。

2. 保持图书馆安静，不得大声喧哗。

3. 杜绝替他人代占座位或强占暂时离开的读者座位的现象。

4. 不要一人同时占用几本杂志，以免妨碍其他同学借阅。借阅图书室不要乱翻乱扔，阅后应及时放回原处。

5. 爱护书籍，不在图书杂志上乱写乱画或拆撕书刊。

图 2-22　大学生日常行为规范.docx 的内容

　　输入完毕后，在"快速访问工具栏"单击"保存"按钮，在弹出的"另存为"对话框中输入文件名"大学生日常行为规范"，如图 2-23 所示。

（2）创建新文档"北京的水.docx"文档

　　单击"文件"选项卡→"新建"命令，在"新建文档"任务窗格中，单击"空白文档"→"创建"按钮，建立一个空文档。系统新开辟一个窗口并自动打开名为"文档 2"的新文档，在文本编辑区输入如图 2-24 所示的内容，并将"文档 2"命名为"北京的水.docx"保存，然后依次关闭两个 Word 窗口。

图 2-23　"另存为"对话框

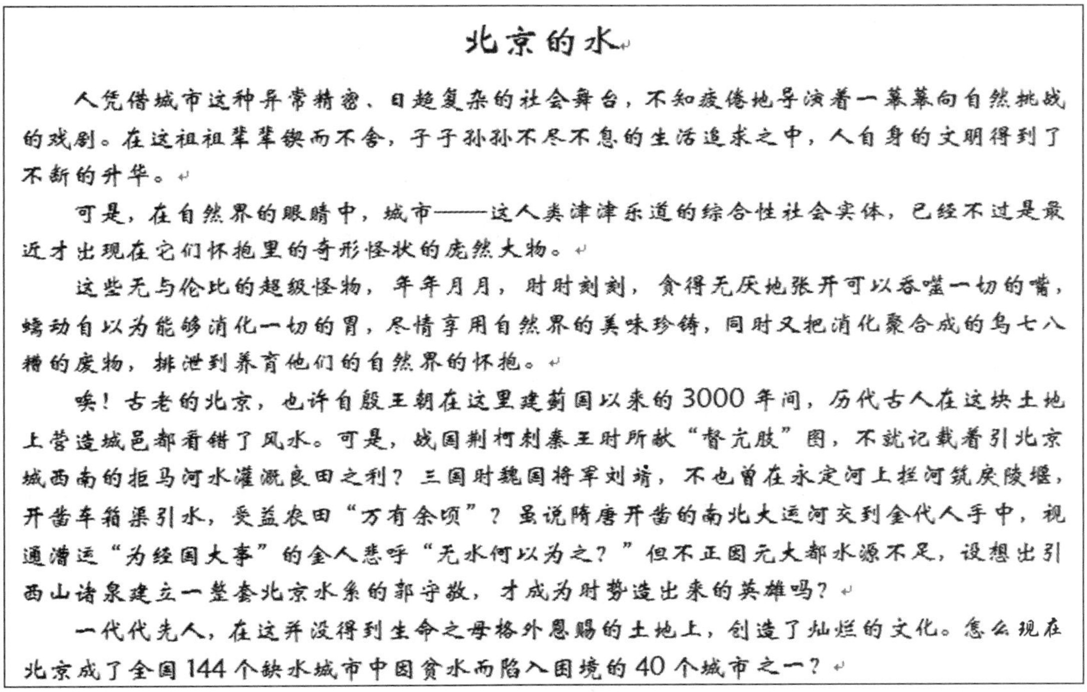

北京的水

人凭借城市这种异常精密、日趋复杂的社会舞台，不知疲倦地导演着一幕幕向自然挑战的戏剧。在这祖祖辈辈锲而不舍，子子孙孙不尽不息的生活追求之中，人自身的文明得到了不断的升华。

可是，在自然界的眼睛中，城市——这人类津津乐道的综合性社会实体，已经不过是最近才出现在它们怀抱里的奇形怪状的庞然大物。

这些无与伦比的超级怪物，年年月月，时时刻刻，贪得无厌地张开可以吞噬一切的嘴，蠕动自以为能够消化一切的胃，尽情享用自然界的美味珍馐，同时又把消化聚合成的乌七八糟的废物，排泄到养育他们的自然界的怀抱。

唉！古老的北京，也许自殷王朝在这里建蓟国以来的 3000 年间，历代古人在这块土地上营造城邑都看错了风水。可是，战国荆柯刺秦王时所献"督亢膝"图，不就记载着引北京城西南的拒马河水灌溉良田之利？三国时魏国将军刘靖，不也曾在永定河上拦河筑戾陵堰，开凿车箱渠引水，受益农田"万有余顷"？虽说隋唐开凿的南北大运河交到金代人手中，视通漕运"为经国大事"的金人悲呼"无水何以为之？"但不正图元大都水源不足，设想出引西山诸泉建立一整套北京水系的郭守敬，才成为时势造出来的英雄吗？

一代代先人，在这并没得到生命之母格外恩赐的土地上，创造了灿烂的文化。怎么现在北京成了全国 144 个缺水城市中图贫水而陷入困境的 40 个城市之一？

图 2-24　北京的水.docx 的内容

（3）保护文档的操作

在 Word 2010 中可对文档进行保护措施，防止泄密、自动保存或误操作删除等。以对"北京的水.docx"文档进行加密为例，操作步骤如下：

① 单击"文件"选项卡→"信息"→"权限"→"保护文档"→"用密码进行加密"，如图 2-25 所示。

② 在"加密文档"对话框中，输入密码，如图 2-26 所示。

③ 在"确认加密"对话框中，重新输入相同的密码，如图 2-27 所示。

图 2-25　"权限"选项

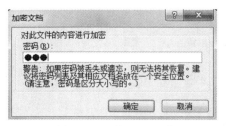 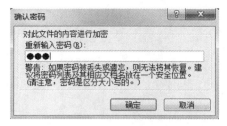

图 2-26　"密码"对话框　　　　　　　　　图 2-27　"确认密码"对话框

④ 如果关闭文档后要打开该文档，需要输入密码才能打开文档。

如果只是禁止修改已经编辑好的文档而不加密，可以单击"文件"选项卡→"信息"→"权限"→"保护文档"→"标记为最终状态"，如图 2-25 所示。

编辑文档过程中，若出现机器突然死机或 Word 突然停止工作，而当前文档未及时存盘，必然会丢失。Word 2010 提供了自动存盘的功能，可以在用户规定的时间内自动存一次盘，这样就可能减少工作损失。在编辑时自动保存文件的具体操作步骤：单击"文件"选项卡→"选项"→"Word 选项"对话框的"保存"，出现相应对话框，如图 2-28 所示。在"保存"对话框中，选中"保存自动恢复信息时间间隔"复选框，在"分钟"框中，输入要保存文件的时间间隔。在"保存"对话框中，对文档自动恢复位置和文档默认存储位置可以进行相应设置。

图 2-28　"Word 选项中保存"对话框

使用自动保存文件越频繁，则文件处于打开状态时，在发生断电或类似情况下，文件可恢复的信息越多。但需注意"自动恢复"不能代替正常的文件保存，打开恢复的文件后，如果选择了不保存该文件，则恢复文件会被删除，未保存的更改即丢失。如果保存恢复文件，它会取代原文件（除非指定新的文件名）。

如果文档还未来得及保存就被关闭了，可以单击"文件"选项卡→"信息"→"权限"→"管理版本"→"恢复未保存文档"命令，在"打开"对话框中，选择需要恢复的文档即可恢复文档。

3. 文档基本编辑操作

在 Word 2010 中，对文档进行编辑时，可以选择、删除、复制、粘贴、插入和剪切文本，对文档可以进行撤销、恢复和重复操作。

（1）选择文本

选中文本是对文本进行编辑和修饰的前提。选中文本的操作方法主要有：

- 鼠标拖动：当鼠标变成 I 形，即可在选择的文本块中拖动。
- 使用选择区：将鼠标移到文档左边的选择区，鼠标变成白色的箭头。此时单击鼠标左键即可选择一行；双击鼠标左键即可选择一个段落；连续三次单击鼠标左键即可选择整篇文档。
- 使用快捷键：将光标定位到正在编辑的文档的任意位置，按 Ctrl+A 组合键，即可选择整篇文档。
- 使用键盘和鼠标：将光标定位到任意文本前，按住 Shift 键，再将光标移到要选择文本的末尾处单击鼠标左键，放开 Shift 键即可选择所需文本。
- 选择矩形文本：将光标定位到要选择文本前，按住 Alt 键不放，再将鼠标移到定位的文本处，按下鼠标左键并拖动即可选择矩形文本。

（2）删除文本

删除文本，可以使用 BackSpace 键删除光标之前的一个字符；也可以使用 Delete 键删除光标之后的一个字符；如果选择文本，按 Delete 键，可以删除选择文本。

（3）复制文本

- 先选中要复制的文本，单击"开始"选项卡→"剪贴板"组→"复制" 📋 按钮，或按 Ctrl+C 组合键。
- 把光标定位到目标位置，单击"剪贴板"→"粘贴" 📋 按钮，或按 Ctrl+V 组合键。

（4）移动文本

- 选中要移动的文本。
- 单击"开始"选项卡→"剪贴板"组→"剪切" ✂ 按钮，或按 Ctrl+X 组合键。
- 光标定位到目的位置，单击"剪贴板"组→"粘贴" 📋 按钮，或按 Ctrl+V 组合键，将选择的文本移动到目的位置。

（5）撤销、恢复和重复操作

- "撤销"操作：按 Ctrl+Z 组合键，或单击"快速访问工具栏"的"撤销" ↶ 按钮。
- "恢复"操作：按 Ctrl+Y 组合键。
- "重复"操作：按 Ctrl+Y 组合键，则重复输入上一次键入的文本。

（6）插入特殊符号操作

打开"北京的水.docx"文档，做插入操作。在第 1 段前面增加繁体文"話"字。

采用特殊符号的输入方法：单击"插入"选项卡→"符号"组→"符号"，在如图 2-29 所示对话框的"子集"框下拉列表中选择"CJK 统一汉字"，"字体"框下拉列表中选择"华文细黑"；选定所需要的符号后单击"插入"按钮（可连续插入多个符号）；最后关闭对话框。

4. 查找与替换操作

查找和替换是 Word 中非常有用的工具。查找功能能够检查某文档是否包含所查找内容。Word 2010 的查找利用导航窗格来完成，请参照 2.1 Word 2010 的主要功能中导航窗格的介绍。而替换以查找为前提，可以实现用一些文本替换文档中指定文本的功能。对"大学生日常行为规范.docx"文档进行查找与替换操作，并以原文件名保存。

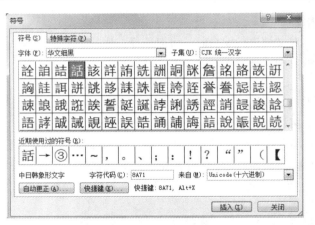

图 2-29 插入"符号"对话框

（1）单击"开始"选项卡→"编辑"组→"替换"，弹出"查找和替换"对话框，如图 2-30 所示。"查找内容"列表中输入"规范"，在"替换为"列表中输入"要求"。

（2）单击"更多"按钮，出现"搜索选项"，单击"格式"→"字体"，弹出"查找字体"对话框，如图 2-31 所示，选择"字体颜色"为"红色"，选择"着重号"，单击"确定"按钮，返回"查找和替换"对话框。

图 2-30 "查找和替换"对话框

图 2-31 "替换字体"对话框

（3）单击"全部替换"按钮，则文档中所有的"规范"替换为"要求"（格式为红色，加上着重号）。

5. 文档格式操作

按要求对"大学生日常行为规范.docx"文档进行格式设置，并以原文件名保存。

（1）页面设置

① 单击"页面布局"选项卡→"页面设置"组→"纸张大小"→"A4 纸"，如图 2-32 所示，即可设置纸张大小为 A4 纸。

② 单击"页面设置"组→"页边距"→"自定义边距"，弹出"页面设置"对话框，如图 2-33 所示。单击"页边距"选项卡，可对页边距、纸张方向和装订位置按需要进行设置，将页边距的上下设为 2.5 厘米，左右设为 3 厘米；单击"纸张"选项卡设定纸张大小为 A4；单击"文档网络"

对文字的排列，设定每页显示 40 行和每行 39 个字符个数，如图 2-33 所示，字体格式设置字符格式包括字体、字符大小、形状、颜色以及特殊的阴影、阳文、动态效果等。如果用户没有设置格式的情况下输入文本，则 Word 将按照默认格式自动设置。

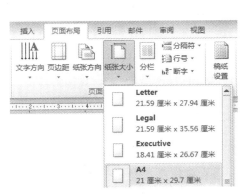

图 2-32　"纸张大小"选择

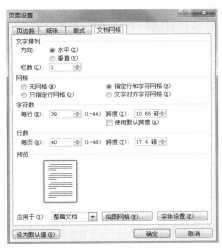

图 2-33　"设置"对话框—文档网络设置

单击"开始"选项卡，"字体"组有字体、字号、字形、颜色等工具按钮，如图 2-34 所示，通过这些按钮来完成对字符的字体、字形、字号、加粗、颜色、阴影、下划线及其他修饰的设定。在"大学生日常行为规范.docx"文档中选定所有文字，单击"开始"选项卡→"字体"组→字体为"仿宋"，字号为"四号"，如图 2-34 所示。

字体设置还可以通过"字体"对话框来设置，如图 2-35 所示。打开"字体"对话框有 2 种常用的方式：鼠标在编辑区域任意处，打开鼠标右键快捷菜单，单击快捷菜单→"字体"命令；单击"开始"选项卡→"字体"→"打开对话框"　命令。在对话框中，有"字体"、"高级"2 个选项卡；在字体选项卡中有设置字符的字体、字形、字号、颜色、下划线、文字的效果及其他的修饰选项；在高级选项卡中可设定字符的间距。

图 2-34　"开始"选项卡的"字体"组命令

图 2-35　"字体"设置对话框

（2）段落格式设置

段落格式是以段落为单位的格式设置。设置一个段落的格式之前不需要选择段落，只需要将光标定位在某个段落即可。如果要设置多个段落的格式，则需要选择多个段落。在如图2-36所示的"开始"选项卡→"段落"组中有对文本的对齐方式、底纹、行间距等进行设置的命令；还可用"段落"对话框对段落格式进行设置，如图2-37所示。打开"段落"对话框有两种方式：单击"开始"选项卡→"段落"组→"打开对话框" 按钮；或者单击鼠标右键快捷菜单中的"段落"命令。在"段落"对话框中，对"大学生日常行为规范.docx"文档，设置"两端对齐"方式，设置"首行缩进"，设置行距为"固定值20磅"。

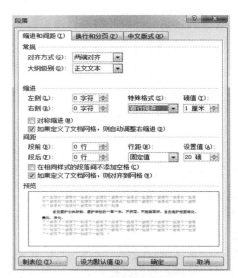

图2-36　"段落"组的命令　　　　　　　　图2-37　"段落"设置对话框

（3）设置边框和底纹

单击"开始"选项卡→"段落"组→"底纹"，将第1段文字设置底纹为浅青绿色。单击"段落"组→"框线"，对文字添加各种边框；或单击"开始"选项卡→"段落"组→"框线"→"边框和底纹"，打开"边框和底纹"对话框，如图2-38"边框和底纹"对话框所示，可对边框线的粗细、颜色以及底纹进行相关设置；将第1段文字设置方框，颜色为橙色，线条粗细为1.5磅。

（4）文档分页和分栏

单击"页面布局"选项卡→"页面设置"组→"分隔符"，实现插入分页符；或单击"分栏"下拉列表→"更多分栏"命令，弹出"分栏"对话框，如图2-39所示，可以设置分栏的样式和各栏的宽度等信息，将"一、日常文明行为规范"的内容和"二、教室文明行为规范"的内容分两栏显示。若要取消分栏，只要选择已经分栏的区域，进行一分栏的操作即可。

（5）设置首字下沉

选定第1段的第1个字"为"，单击"插入"选项卡→"文本"组→"首字下沉"→"首字下沉选项"，弹出"首字下沉"对话框，选定"下沉"格式和下沉行数为3，单击"确定"按钮。

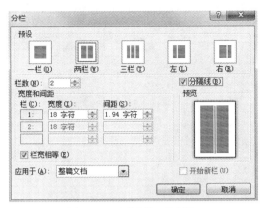

图 2-38　"边框和底纹"对话框　　　　　　　图 2-39　"分栏"对话框

（6）设置编号和项目符号

编号主要用于文档中相同类别文本的不同内容，一般具有顺序性。编号一般使用阿拉伯数字、中文数字或英文字母，以段落为单位进行标识。在 Word 2010 文档中输入编号的方法有以下两种：

● 在"大学生日常行为规范.docx"文档，单击"开始"选项卡→"段落"组→"编号"，如图 2-40 所示，在"编号"下拉列表中选中合适的编号类型即可。在当前编号所在行输入内容"日常文明行为规范"，当按下回车键时会自动产生下一个编号。如果连续按两次回车键将取消编号输入状态，恢复到 Word 常规输入状态。

● 在"大学生日常行为规范.docx"文档，选中准备输入编号的段落。单击"开始"选项卡→"段落"组→"编号"，在"编号"下拉列表中选中合适的编号类型即可。"编号"下拉列表的显示也可单击鼠标右键快捷菜单，单击快捷菜单→"编号"。

项目符号主要用于区分 Word 2010 文档中不同类别的文本内容，使用原点、星号等符号表示项目符号，并以段落为单位进行标识。在 Word 2010 中输入项目符号和输入编号的方法类似。单击"开始"选项卡→"段落"组→"项目符号"，在"项目符号"下拉列表中选中合适的项目符号即可。或单击鼠标右键快捷菜

图 2-40　"编号"列表

单→"项目符号"，弹出"项目符号"下拉列表。在当前项目符号所在行输入内容，当按下回车键时会自动产生另一个项目符号。如果连续按两次回车键将取消项目符号输入状态，恢复到 Word 常规输入状态。

（7）设置页眉和页脚

单击"插入"选项卡→"页眉和页脚"组→"页眉"或"页脚"，插入点位于"页眉"（页脚）编辑处，文档正文为灰色显示，进行页眉设置，输入文字，并调整位置和设置字体，同时在窗口的上方增加了"页眉和页脚工具设计"选项卡，如图 2-41 所示，设置文档的页眉为"大学生日常行为规范"。单击"导航"组→"转至页脚"，可转向页脚编辑，在页脚编辑中输入"北京科技大学"，对其可进行字体设置；单击"页眉和页脚"组→"页码"，可选择插入页码的格式。单击"关闭页眉和页脚"按钮，此时编辑工作区恢复正常显示，而页眉和页脚为灰色，显示在正文的上方和下方。双击页眉或页脚时会进入"页眉/页脚"的编辑状态，允许编辑修改页眉或页脚。单击"插

入"选项卡→"页眉和页脚"组→"页码"，也可设置页码。

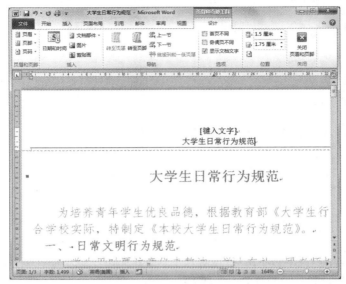

图 2-41　"页眉和页脚"设置

6. 文档打印预览与输出

预览"大学生日常行为规范.docx"文档，进行打印输出设置并保存。

单击"文件"选项卡→"打印"命令，打开"打印"选项窗口，如图 2-42 所示。在窗口中可以设置打印相关的选项；在窗口右边可以预览打印的效果；在打开的"打印"窗口中单击"打印"按钮，即可实现打印。

通过"自定义快速访问工具栏"形式，把"打印预览和打印"命令，添加到"快速访问工具栏"，如图 2-43"自定义快速访问"工具栏所示。单击"快速访问工具栏"→"打印预览与打印" 按钮，亦可显示如图 2-42 所示的"打印"窗口。

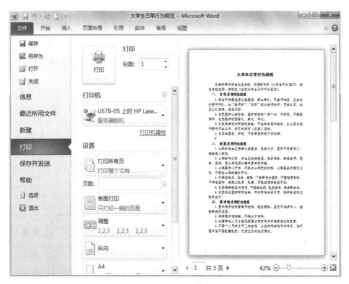

图 2-42　"打印"选项　　　　图 2-43　"自定义快速访问"工具栏

三、自测练习

【考查的知识点】Word 文档的编辑、管理、保护、输出等操作；文档格式各类编排操作，设置文档的字符、段落、页面及其他格式。

【练习步骤】

（1）请打开"北京的水.docx"文档，完成以下操作，以"北京的水_练习 1.docx"存盘。

① 给文章加上标题"北京的水"，标题居中，隶书，二号字，绿色，效果为双删除线；

② 正文设置字体为幼圆、蓝色、文字视觉效果为发光；

③ 页面设置中，纸型设置为自定义大小（宽度：17.6 厘米，高度：25 厘米），上下左右边距均设置为 2 厘米。

（2）请打开"北京的水.docx"文档，完成以下操作，以"北京的水_练习 2.docx"存盘。

① 正文第二段边框设置为方框，线型为实线，绿色，宽度为 1.5 磅，应用范围为文字；

② 将第三段与第四段位置互换；

③ 将第三段字体设置为黑体三号字，并将第一段设为红色；

④ 页面设置为 A4（21x29.7 厘米）纸型，横向打印。

（3）请打开"北京的水.docx"文档，完成以下操作，以"北京的水_练习 3.docx"存盘。

① 标题设置为黑体，二号字，倾斜，蓝色，文字视觉效果为发光；

② 正文第一段为首字下沉 3 行；

③ 正文第二段边框设置为方框，线型为实线，绿色，宽度为 1.5 磅，应用范围为文字；

④ 纸型设置为自定义大小（宽度：17.6 厘米，高度：25 厘米），上下左右边距均设置为 2.5 厘米。

2.4　Word 2010 图文处理实验

一、实验目的

（1）熟悉图片和图形的操作功能，能够绘制简单图形；

（2）了解文本框的概念，掌握文本框的使用方法；

（3）掌握插入并编辑艺术字、数学公式等对象的操作方法。

二、实验内容和操作步骤

启动 Word 2010，建立"邀请函.docx"文档，输入如图 2-44 所示的内容。对文档进行图形对象、图片和文本框操作。在 Word 中，图形对象包括自选图形、图表、曲线、线条和艺术字等。图片是由其他文件创建的图形，它们包括位图、扫描的图片、照片以及剪贴画。

图 2-44　"邀请函.docx"文档的内容

1．图片的基本操作

（1）插入图片

单击"插入"选项卡→"插图"组→"剪贴画"，弹出"剪贴画"任务窗格，在"剪贴画"任务窗格的"搜索"框中，键入描述所需剪贴画的单词或词组，例如"花"，如图 2-45 所示。单击"搜索"按钮，在"结果"框中，单击"花床上的郁金香"剪贴画，则剪贴画插入在文件中。选定图片，鼠标拖动图片对角线上的小圆，可以修改图片大小。

（2）设置图片布局

选中图片，单击右键，在快捷菜单中选"大小和位置"→"大小"，设置"高度"为原图片的44%和"宽度"为 76%，如图 2-46 所示，对图片的大小进行设置；单击"文字环绕"，设置图片环绕方式为"浮于文字上方"，拖动图片到合适位置，然后再在"环绕方式"设置图片为"嵌入型"即可。也可以使用"图片工具/格式"选项卡的命令按钮完成对图片的调整，图片样式的修改，排列布局和图片大小的调整等图片的各种格式设置操作。

图 2-45　"剪贴画"的任务窗格

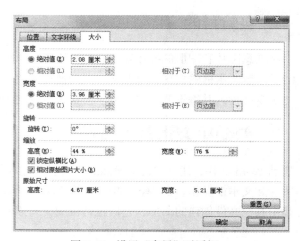

图 2-46　设置"布局"对话框

...

2．设置与编辑艺术字

艺术字是一种文字和图形的结合体，具有特殊效果，Word 把艺术字作为一种图形来处理，除了设置其颜色、字体格式外，还可以设置位置、形状、阴影、三维、倾斜、旋转等。Word 提供的艺术字功能，可以制作出精美绝伦的艺术字体。

（1）插入艺术字

单击"插入"选项卡→"文本"组→"艺术字"，在下拉菜单，选择一种艺术字样式，在弹出的"编辑艺术字文字"对话框中输入文本"邀请函"，即把"邀请函"设为艺术字。设置艺术字的环绕为"浮于文字上方"，调整艺术字到合适的位置。

（2）改变艺术字的样式

选中艺术字，单击窗口上方"绘图工具/格式"选项卡→"艺术字样式"组，如图 2-47 所示。用户可对艺术字设置颜色、形状以及特殊效果等操作。单击"文本效果"，可以编辑原有艺术字、设置艺术字格式、旋转艺术字等操作。

图 2-47　"绘图工具/格式"选项卡

（3）对插入的文本框对象进行操作

对插入的文本框对象进行移动、复制、缩放、布局、文字环绕、删除等操作，方法类同图片的操作。

3．文本框的基本操作

（1）添加文本框

单击"插入"选项卡→"文本"组→"文本框"，在下拉菜单中选择文本框的样式，也可选择自行绘制文本框。在文档中，建立了新的文本框如图 2-48 所示，按提示信息，在框中输入内容"联系 QQ"；把"Email"内容设置为文本框采用类似的方式。

（2）文本框设置

选定文本框，单击"绘图工具/格式"选项卡→"文本"组→"文字方向"，在弹出的下拉菜单中选择文本框中文字的排列方向，如图 2-49 所示。在"形状样式"组中，可将文本框边框设置为蓝色，4.5 磅双线型，浅绿填充色，文本字体设置为方正舒体，2 号字，粉红色。

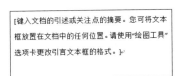

图 2-48　新建"文本框"　　　　图 2-49　"文字方向"下拉菜单

（3）对插入的文本框对象进行操作

对插入的文本框对象进行移动、复制、缩放、布局、文字环绕、删除等操作，方法类同图片的操作。

4. 图形的基本操作

（1）绘制图形

创建新文档"流程图.docx"，在文档中绘制图 2-50 所示的流程图。利用 Word 提供现成的形状，如矩形、圆、箭头、线条、流程图符号和标注等绘制图形。

单击"插入"选项卡→"插图"组→"形状"，在下拉列表中选择所需图形，选取"椭圆"后，在编辑区域按住鼠标拖动，即可绘制出椭圆；可以用鼠标单击"直线"和"箭头"，在指定位置画出连接线。选定图形，单击鼠标右键快捷菜单→"添加文字"，为图形添加文字。双击如图 2-51 所示下拉菜单中的某个图形按钮时，可以连续绘制多个该图形；再次单击该图形按钮或按 Esc 键时取消绘图状态。

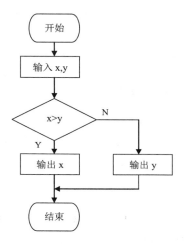

图 2-50　流程图例子

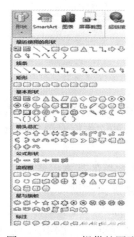

图 2-51　Word 提供的图形

（2）对图形进行修饰

设置图形的线型、填充的颜色、阴影和三维效果。选中设置图形"开始框"，单击右键，在快捷菜单中选"设置形状格式"，弹出"设置形状格式"对话框，如图 2-52 所示。将"开始框"的"线型"设置为 1.5 磅，"填充色"设置为黄色；"矩形框"设置为 2.25 磅线型、兰色线、浅青绿填充色；将"结束框"设置为 1.5 磅线型、红色线、浅黄填充色；将"箭头"设置为 2.25 磅线型、青色线。选中"开始框"，在"设置形状格式"对话框中选择"阴影"为外部左上斜偏移，颜色为红色；设定"结束框"为"三维格式"的"柔圆"。这些操作也可以用"绘图工具/格式"选项卡的命令按钮来完成。

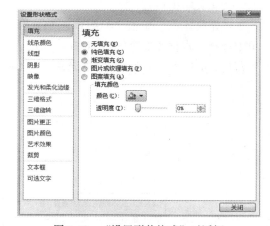

图 2-52　"设置形状格式"对话框

设置图形中的文字为楷体、红色、加粗、小 5 号字、居中显示。

对图形进行移动、缩放、复制、删除等编辑，适当调整各图形的大小和位置。

（3）将图形组合成为一个图形对象

按住 Shift 键，同时用鼠标依次单击各图形，则同时选定各图形，单击右键，在快捷菜单中选择"组合"命令，完成各图形的组合。可以对组合后的图形对象进行缩放、移动、复制等编辑操作。如果要取消组合，则只需选定图形对象，单击快捷菜单中的"取消组合"命令。这些操作也可以用"绘图工具/格式"选项卡上的命令来完成。

5. 创建和编辑数学公式

（1）在"流程图.docx"文档中创建数学公式

单击"插入"选项卡→"文本"组→"对象"，在插入"对象"对话框，单击"新建"选项卡→"对象类型"列表框→"Microsoft 公式 3.0"→"确定"按钮，即可在文档中插入公式编辑器，如图 2-53 所示。

图 2-53　公式编辑器

在插入点所在处出现公式编辑文本框，同时显示公式编辑器的工具栏，输入如图 2-54 所示的公式：

$$\int_a^b f(x)\mathrm{d}x = -\int_b^a f(x)\mathrm{d}x$$

图 2-54　公式编辑例 1

（2）对公式对象进行移动、复制、缩放、删除等操作

将公式修改为如图 2-55 所示的形式，设置原公式为加桔黄色 1.5 磅粗细的边框和浅绿色底纹，并将其调整为适当大小。方法类同对图片的操作，以原文件名保存。

$$\int_a^b [f(x) \pm g(x)]\mathrm{d}x = -\int_a^b f(x)\mathrm{d}x \pm \int_a^b g(x)\mathrm{d}x$$

图 2-55　公式编辑例 2

6. 插入 SmartArt 图形

SmartArt 图形是用户信息的可视表示形式，用户可以从多种不同布局中进行选择，从而快速轻松地创建所需形式，以便有效地传达信息或观点。

（1）创建 SmartArt 图形

利用 SmartArt 工具制作如图 2-56 所示的组织结构图，以"星月公司.docx"为文件名存盘。

单击"插入"选项卡→"插图"组→"SmartArt"，在弹出的"选择 SmartArt 图形"对话框中，单击"层次结构"→"组织结构图"→"确定"，即可插入组织结构图，右键单击组织结构图的第二行的文本框，在快捷菜单中，单击"添加形状"→"在后面添加形状"，如图 2-57 所示，可在第二行添加一个文本框。也可通过"SmartArt 工具/设计"选项卡的创建图形组命令，也可完成对文本框的添加。基本结构设定好后，在文本框中依次输入如图 2-56 所示的组织结构图中的文本。

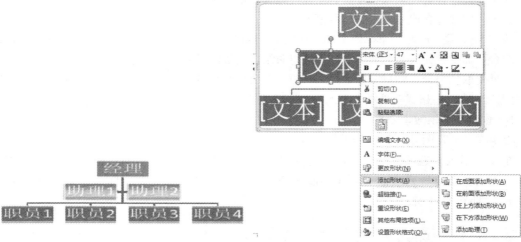

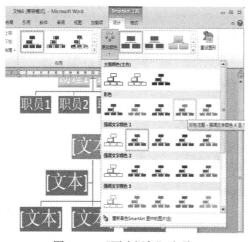

图 2-56　组织结构图例子

图 2-57　组织结构图"添加形状"

（2）设置图形的样式、颜色、格式

单击"SmartArt 工具/设计"选项卡→"更改颜色"命令，选择其中的一种配色颜色，如图 2-58 所示。单击"SmartArt 工具/格式"选项卡的命令，可以对格式、样式等进行设置。

在"选择 SmartArt"对话框中，选择"图片"中的 SmartArt 图形，还可以绘制图文并茂的 SmartArt 图形，如图 2-59 所示。

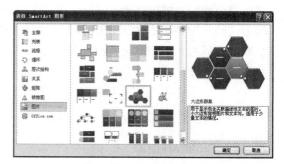

图 2-58　"更改颜色"选项

图 2-59　"选择 SmartArt 图形"对话框

三、自测练习

【考查的知识点】在 Word 中绘制简单图形，插入图片、文本框、艺术字、数学公式等对象。

【练习步骤】

（1）图片操作

① 新建文档"长城简介.docx"，输入如图 2-60 所示的内容：

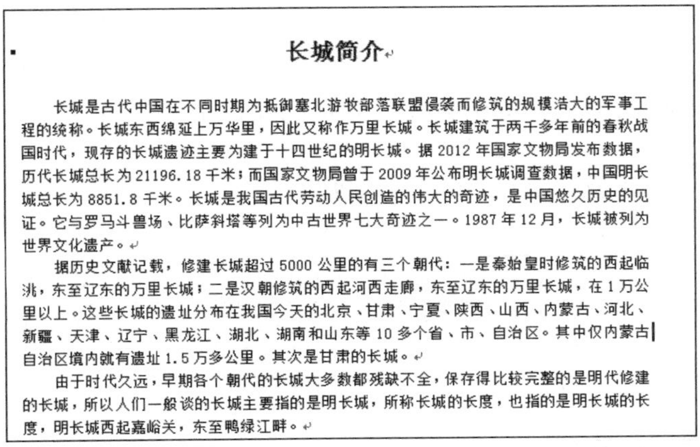

长城简介

　　长城是古代中国在不同时期为抵御塞北游牧部落联盟侵袭而修筑的规模浩大的军事工程的统称。长城东西绵延上万华里，因此又称作万里长城。长城建筑于两千多年前的春秋战国时代，现存的长城遗迹主要为建于十四世纪的明长城。据 2012 年国家文物局发布数据，历代长城总长为 21196.18 千米；而国家文物局曾于 2009 年公布明长城调查数据，中国明长城总长为 8851.8 千米。长城是我国古代劳动人民创造的伟大的奇迹，是中国悠久历史的见证。它与罗马斗兽场、比萨斜塔等列为中古世界七大奇迹之一。1987 年 12 月，长城被列为世界文化遗产。

　　据历史文献记载，修建长城超过 5000 公里的有三个朝代：一是秦始皇时修筑的西起临洮，东至辽东的万里长城；二是汉朝修筑的西起河西走廊，东至辽东的万里长城，在 1 万公里以上。这些长城的遗址分布在我国今天的北京、甘肃、宁夏、陕西、山西、内蒙古、河北、新疆、天津、辽宁、黑龙江、湖北、湖南和山东等 10 多个省、市、自治区。其中仅内蒙古自治区境内就有遗址 1.5 万多公里。其次是甘肃的长城。

　　由于时代久远，早期各个朝代的长城大多数都残缺不全，保存得比较完整的是明代修建的长城，所以人们一般谈的长城主要指的是明长城，所称长城的长度，也指的是明长城的长度，明长城西起嘉峪关，东至鸭绿江畔。

图 2-60　"长城简介"的内容

　　② 插入任意一张剪贴画，将图片加 4.5 磅红色双线边框，并调整大小后移动到第一段左侧，设置其与文本的左右间距为 0.5cm；设置文字环绕方式为"穿越型环绕"。用"长城简介_练 1.docx"为文件名保存。

　　③ 在第二段后（不另起一段）任意插入一张剪贴画，设置该图片为"衬于文字下方"环绕方式，在"页面布局"选项卡下设置文档水印方式为"机密 1"，并移动到文档内容的右下方。用"长城简介_练 2.docx"文件名保存。

　　（2）艺术字与数学公式的操作

　　① 请打开文档"长城简介.docx"，设置标题为艺术字，选择艺术字样式：无填充、轮廓为强调颜色 2；选择形状效果为发光；选择形状样式：中等效果、橙色、强调颜色 6。以"长城简介_练 3.docx"文件名保存。

　　② 请打开文档"长城简介.docx"，将图 2-61 所示的公式插入到文档的末尾，并设置其高度为 1.5 cm，宽度为 8cm，带浅粉色填充色。以"长城简介_练 4.docx"文件名保存。

$$\sqrt{a^2 - \dfrac{x^4}{n-1} \div (an + x)^2}$$

图 2-61　自测练习公式例子

2.5　Word 2010 表格制作实验

一、实验目的

（1）掌握 Word 2010 中创建表格和表格数据输入的方法；

（2）掌握表格的编辑修改和格式设置的基本方法，并学会文本数据与表格的转换操作；

（3）了解表格数据排序、公式计算等表格处理方法。

二、实验内容和操作步骤

　　表格具有严谨的外观和直观的效果，可以使输入的文本更简明清晰。在 Word 中，可以快速生成标准表格，通过合并单元格和拆分单元格，可以产生格式更为复杂的表格。

创建文件名为"信息工程专业成绩单.docx"的新文档，对该文档进行表格操作之后以原文件名保存。在文档中创建一个 4 行 4 列的表格，并输入如图 2-62 所示的表格数据，保存文档。

班级	姓名	实验成绩	期末成绩
信息 09-1	赵峰	80.00	65.00
信息 09-1	钱回	90.00	87.00
信息 09-1	孙路	90.00	80.00

图 2-62　创建表格样例

1. 创建表格与表格数据输入

单击"插入"选项卡→"表格组"→"表格"，用鼠标拖曳的方法创建，如图 2-63 所示；也可以使用"表格"下拉菜单中的"插入表格"命令，在弹出的"表格"对话框中设定行数和列数，如图 2-64 所示，单击"确定"按钮；还可以绘制自由格式的表格，单击下拉菜单中的"绘制表格"命令，鼠标箭头会变成"笔"形状，按住左键并拖曳鼠标，即可在页面上绘制出表格。

图 2-63　"表格"插入下拉菜单

图 2-64　"插入表格"对话框

2. 表格编辑操作

（1）调整表格的行高和列宽

按住鼠标左键直接拖动表格行线或列线至合适的位置。或者选中表格，单击鼠标右键弹出快捷菜单→"表格属性"命令，在"表格属性"对话框中精确设置行高或列宽，如图 2-65 所示。单击"表格工具/布局"选项卡→"单元格大小"→"自动调整"，弹出下拉菜单。单击菜单中相应的命令，可以选择表格大小的自动调整方式。

（2）在表末尾增加行/列

选定最后一行（列）单击"表格工具/布局"选项卡→"行和列"组→"在下方插入"命令，可在表格行末尾处插入一空行，并在该行"姓名"列（即 B5 单元格）输入"总分"；若单击"在右侧插入"命令，在表格列末尾处插入一空列，并输入列标题"总成绩"，如图 2-66 所示。

图 2-65　"表格属性"对话框

图 2-66 "表格工具/布局"选项卡

① 在最后一行之前增加一行，并在相应单元格中输入数据：

"信息 09-1 李转 80.00 70.00"。

② 选定"班级"列，按 Delete 键删除"班级"列数据。

③ 单击"表格工具/布局"选项卡→"行和列"→删除命令，作删除表格"班级"列的操作。在下拉菜单中可选择删除"行"、"列"以及表格的操作。（注意删除表格数据与删除表格行、列的区别）。

④ 将表格第 2 列和第 3 列数据交换。

⑤ 在表格最后增加 1 行，"平均值"；在最左边增加"名次"列。

3. 表格数据处理

（1）自动设置名次列为 01 开始的编号

在表格中，每一个单元格由行号和列号作为标识，用 A、B、C、D…分别代表第 1、2、3、4…列，例如，B2 单元格代表第 2 列第 2 行所对应的单元格。选定 A2 到 A5 单元格，单击"开始"选项卡→"段落"组→"项目符号和编号"→"定义新编号格式"命令，在弹出的"定义新编号格式"对话框中，将"编号格式"框设置为"01"，单击"确定"按钮。

（2）计算所有学生的实验成绩总分和期末成绩总分及实验成绩平均值和期末成绩平均值

插入点定位于 C6 单元格，单击"表格工具/布局"选项卡→"数据"组→"公式"命令，弹出"公式"对话框，如图 2-67 所示；在"公式"框中输入"=SUM(C2:C5)"或"=SUM(ABOVE)"，单击"确定"按钮。用同样的方法计算期末成绩总分，即设置 D6 单元格的公式为"=SUM(D2:D5)"。在 C7 单元格输入公式"=AVERAGE(C2:C5)"。同样的方法计算期末成绩平均值，即设置 D7 单元格的公式为"=AVERAGE(D2:D5)"。

（3）计算每个学生的总成绩

在 E2 单元格输入公式"=(D2*0.2+C2*0.8)"，用同样的方法计算其他学生的总成绩。

4. 表格数据排序

对表格按"总成绩"降序进行排序。选定从第 1 行到第 5 行表格区域（注意不含最后两行），单击"表格工具/布局"选项卡→"数据"组→"排序"命令，弹出"排序"对话框，如图 2-68 所示。选中"主要关键字"单选项，从"排序依据"下拉列表中选中"总成绩"，类型为"数字"，并选定按"降序"方式，之后单击"确定"按钮。"名次"列的编号没有变化，其他列按"总成绩"进行了排序。

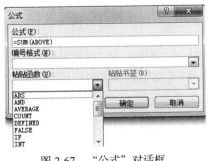

图 2-67 "公式"对话框

图 2-68 "排序"对话框

5. 表格格式设置

（1）设置表格位置居中

插入点定位在表格任意单元格，单击"表格工具/布局"选项卡→"表"组→"表格"，弹出"表格属性"对话框，如图 2-65 所示；从"表格"选项卡的"对齐方式"框中选定"居中"，再单击"确定"按钮。

（2）设置表格边框和底纹

选取表格后，单击鼠标右键快捷菜单→"边框和底纹"命令，弹出"表格和边框"对话框，

如图 2-69 所示，设置表格边框和底纹，将表外框线设置为 1.5 磅，表内线为 0.75 磅；"姓名"列背景色设置为浅绿色，"期末成绩"与"实验成绩"列背景设置为灰色-15%；在"表格属性"对话框中，选择"单元格"选项，可以对表格中文本格式进行设置。设置表格中文本的居中对齐，平均分布表中的行或列。还可以单击"表格工具/设计"选项卡→"表格样式"组→"底纹"和"边框"，对边框和底纹进行设置。

图 2-69 "边框和底纹"对话框

（3）单元格合并

插入点在表格第一行，单击"表格工具/布局"选项卡→"行和列"组→"在上方插入"，表格前增加一行。选中 A1 到 E1 单元格，单击"表格工具/布局"选项卡→"合并"组→"合并单元格"，在合并的单元格中输入标题内容"学生成绩管理"，将标题行设置为斜体，3 号，加粗，红色；还可以单击鼠标右快捷菜单→"合并单元格"，进行单元格的合并；或单击"表格工具/设计"选项卡→"绘制边框"组的"擦除"命令，可以擦除框线，实现单元格合并功能。选中标题单元格，使用"边框和底纹"删除框线删除标题单元格的上、左和右框线

6. 表格与文本转换

（1）复制表格的第 2-7 行和第 2-4 列，将所复制的新表格转换为下面文本

姓名，期末成绩，实验成绩，总成绩

钱回，87.00，90.00，87.6

孙路，80.00，90.00，82

李转，70.00，80.00，72

赵峰，65.00，80.00，68

插入点定位在新表格中，单击"表格工具/布局"选项卡→"数据"组→将"表格转换成文本"，在弹出的"表格转换成文本"对话框中，单击分隔符为"逗号"，即可将表格转换为文本。

（2）将转换的文本重新转换成表格

选定上面的文本区，单击"插入"选项卡→"表格"组→"表格"→"文本转换成表格"，弹出"将文字转换成表格"对话框，可将文本重新转换为表格。（文本数据之间也可以使用制表符、空格等分隔，但是所有分隔符号必须一致。）

三、自测练习

【考查的知识点】Word 中表格的创建、表格的编辑修改、格式设置、表格数据排序、公式计

算以及文本数据与表格的相互转换。

【练习步骤】

（1）新建 Word 文件"自测题_1.docx"，制作 4 行 5 列表格，列宽 2 厘米，行高 0.7 厘米。设置表格边框为红色实线 1.5 磅，内线为红色实线 0.5 磅，表格底纹为蓝色。完成以上操作后以原文件名保存。

（2）打开 Word 文件"自测题_1.docx"，将全部表格线改为黑色，底纹改为白色，第 3 列列宽改为 2.4 厘米，再将前两列的 1-2 行单元格合并为一个单元格，将第三列至第四列的 2-4 行拆分为3 列，如表 2-1 所示。另存为"自测题_2.docx"。

表 2-1　　　　　　　　　　　　　自测题表 1

（3）新建的 Word 文件"自测题_3.docx"，创建 4 行 5 列表格，并输入内容，如表 2-2 自测题表 2 所示，设置列宽 2 厘米，行高 0.7 厘米，填入合计，合计=工资+奖金，水平和垂直均为居中对齐，以原文件名保存。

表 2-2　　　　　　　　　　　　　自测题表 2

序号	工龄	工资	奖金	合计
01	7	258	480	738
02	5	369	450	819
03	9	480	510	990

（4）新建"自测题_4.docx"，插入"自测题 3_3.docx"内容，按奖金降序排序，并设置外边框 1 磅单实线，表内线 0.5 磅单实线，以原文件名保存。

2.6　长文档的编辑和排版实验

一、实验目的

（1）掌握使用大纲视图创建长文档，为长文档设定样式的方法；

（2）掌握在文档中插入题注、脚注和尾注的操作方法；

（3）掌握在文档中插入目录的操作方法；

（4）掌握信息的交叉使用。

二、实验内容和操作步骤

一篇长文档一般有内容和表现两个方面的要求，内容是指文章作者用来表达自己思想的文字、图片、表格、公式及整个文章的章节段落结构等，表现则是指长篇文档页面大小、边距、各种字体、字号等。相同的内容可以有不同的表现形式。利用 Word 2010 提供的功能可以轻松进行长文档的编排。

长文档具有篇幅长、多层结构、引用内容较多等特征，Word 2010 提供了多种信息的引用功能。利用主控文档功能来组织论文结构，使用书签、题注、脚注和尾注来标注论文内容，并使用交叉引用功能来引用这些标注信息；利用自动索引和目录功能，为长文档生成索引和目录。

1．长文档的版式和样式

样式就是格式的集合。通常所说的"格式"往往指单一的格式，例如"字体"格式、"字号"格式等。每次设置格式，都需要选择某一种格式，如果文字的格式比较复杂，就需要多次进行不同的格式设置。而样式作为格式的集合，可以包含几乎所有的格式，设置时只需选择一下某个样式，就能把其中包含的各种格式一次性设置到文字和段落上。对于相同排版表现的内容一定要坚持使用统一的样式，这样做能大大减少工作量和出错机会。如果要对排版格式（文档表现）做调整，只需一次性修改相关样式即可。使用样式的另一个好处是可以由 Word 自动生成各种目录和索引。

一般情况下，不论撰写学术长篇文档或者学位长篇文档，相应的杂志社或学位授予机构都会根据其具体要求，给长篇文档撰写者一个清楚的格式要求。例如，要求论文页面行距取 1.5 倍，一级标题使用黑体 4 号字，二级标题使用黑体小 4 号字等，这样，长篇文档的撰写者就可以在撰写长篇文档前对样式进行一番设定，这样就会很方便地编写长篇文档了。

（1）直接使用原有样式

Word 2010 中自带了很多的内置样式，如标题、正文、引用等。在"开始"选项卡的样式组中显示的快捷样式库的样式，如图 2-70 所示，而快捷样式库中的样式用户可以自由增删。在文档中选定所需设定的内容，单击图 2-70 中样式功能组的样式，即可为选定内容指定样式。

图 2-70　默认样式

"正文"样式是文档中的默认样式，新建的文档中的文字通常都采用"正文"样式。很多其他的样式都是在"正文"样式的基础上经过格式改变而设置出来的。因此"正文"样式是 Word 中最基本的样式。

（2）管理样式

编写长篇文档，一定要使用样式，除了 Word 原先所提供的标题、正文等样式外，还可以自定义样式。"管理样式"对话框是 Word 2010 提供的一个比较全面的样式管理界面，用户可以在"管理样式"对话框中新建样式、修改样式和删除样式等样式管理操作。

单击"开始"选项卡→"样式"组→显示"样式"窗口命令按钮，弹出"样式"窗格，如图 2-71 所示。在"样式"窗格中单击"管理样式"命令，弹出"管理样式"对话框，切换到"编辑"选项卡，如图 2-72 所示。在"选择要编辑的样式"列表中选择需要修改的样式，然后单击"修改"按钮。打开的"修改样式"对话框中根据实际需要重新设置该样式的格式，如图 2-73 所示。或通过单击"开始"选项卡→"样式"组，鼠标移至某一样式，单击右键，在快捷菜单中选择"修改"命令，弹出"修改样式"对话框。

图 2-71　"样式"窗格

图 2-72　"管理样式"对话框

在"管理样式"对话框中单击"新建样式"按钮，弹出"根据格式设置创建新样式"对话框，如图 2-74 所示。或通过单击在"样式"窗格中（见图 2-71）→"新建样式"，弹出"根据格式设置创建新样式"对话框。

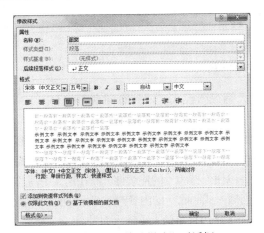

新图 2-73　"修改样式"对话框

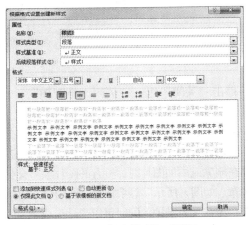

图 2-74　"新建样式"对话框

创建"毕业设计论文.docx"文档。修改内置样式"标题 1"：字体为黑体、字号为 4 号，以"论文标题 1 修改"名称保存；修改内置样式"标题 2"：字体为黑体、字号为小 4 号字，以"论文标题 2 修改"名称保存；修改内置样式"标题 3"：字体为宋体、字号为小 4 号字、加粗，以"论文标题 3 修改"名称保存；修改内置样式"正文"：宋体小 4 号字，页面行距 1.5 倍，以"论文正文修改"名称保存。

2. 创建大纲

"大纲视图"主要用于 Word 2010 文档的设置和显示标题的层级结构，并可以方便地折叠和展开各种层级的文档。大纲视图广泛用于 Word 2010 长文档的快速浏览和设置中，使用大纲视图写文章的提纲，调整章节顺序比较方便。同时使用文档结构图能快速定位章节。在大纲视图创建新文档还能够自动为输入的文本套用标题样式。

打开"毕业设计论文.docx"文档，单击"视图"选项卡→"文档视图"组→"大纲视图"命令，切换到大纲视图模式。在文档中输入如图 2-75 所示的内容，把"第 1 章绪论"设置为"论文标题 1 修改"样式，把"1.1"设置为"论文标题 2 修改"等，按照图 2-75 所示完成论文各级标题的样式设置。

在图 2-75　"大纲"模式下的文档

单击"关闭"组→"关闭大纲视图"，可以退出大纲视图模式，回到页面视图状态。

3. 图表、公式的自动编号和交叉引用

论文中通过编号来管理大量的图片、表和公式。标题的编号通过标题样式来实现，表格、图形和公式的编号通过题注来完成，例如：图 1-1、表 2-1 和公式 3-1 等。添加了题注的图片会获得一个编号，并且在删除或添加图片时，所有的图片编号会自动改变，以便保持编号的连续性。而在论文中写"参见第×章、如图×所示"等字样时，使用交叉引用方式。当插入或删除新的内容时，编号和引用都将自动更新，无需人为维护。同时可以自动生成图、表目录，而无须用户自己人工输入编号。

选定图片，单击"引用"选项卡→"题注"组→"插入题注"，弹出"题注"对话框，如图 2-76 所示；单击"编号"按钮，弹出"题注编号"对话框，选中"包括章节号"复选框，对题注的编号进行如图 2-77 所示的设置。单击"确定"按钮，完成带章节号的题注编号设置回到"题注"对话框。单击"确定"按钮，即可在所选图形的下方插入题注编号，例如：图 1-1。

图 2-76　"题注"对话框

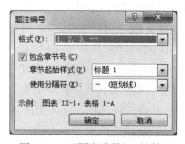

图 2-77　"题注编号"对话框

当在正文中需要引用该题注时，单击"引用"选项卡→"题注"组→"交叉引用"命令，打开"交叉引用"对话框，如图 2-78 所示，选定某个引用后，单击"插入"按钮，光标所在位置处将插入对该图（题注）的一个交叉引用。例如：图1-1。当在该图之前插入一个新的图形并使用插入题注的方式为其编号时，后面的所有图形的题注编号将自动更新。若要更新交叉引用，可选定该交叉引用按 F9 键更新编号；或单击右键，在快捷菜单中选择"更新域"命令。

图 2-78　"交叉引用"对话框

4. 目录与索引生成

使用目录可以使文档的结构更加清晰，便于阅读者对整个文档进行定位。Word 2010 根据文本的标题样式（如标题 1、标题 2 和标题 3）来创建目录。

单击"引用"选项卡→"目录"组→"目录"→"插入目录"命令，弹出"目录"对话框，如图 2-79 所示，单击"修改"命令按钮，在样式对话框中可以对目录的样式进行设置。在"目录"对话框中，单击"确定"按钮，系统自动生成目录，效果如图 2-80 所示。

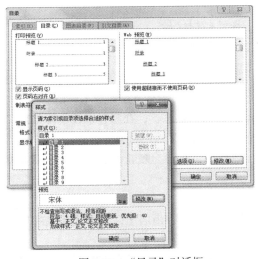

图 2-79　"目录"对话框

图 2-80　生成目录效果

三、自测练习

【考查的知识点】Word 使用大纲视图创建长文档，在文档中插入目录，插入题注、尾注和插入脚注、尾注的操作方法，以及信息的交叉使用。

【练习步骤】

（1）样式操作。新建的 Word 文件"孔子介绍.docx"存盘，输入如图 2-81 所示的内容：

① 在文档中选中"一、孔子—中国第一思想家"，在"样式"中选择"标题 1"样式；

② 在文档中选中"已所不欲，勿施于人"，在"样式"中选择"明显强调"样式。

③ 在文档中选中《论语》，在"样式"中选择"明显参考"样式。

一、孔子--中国第一思想家

孔子是春秋后期伟大的思想家、教育家，儒家的创始人。他教导人们积极奉行"己欲立而立人，己欲达而达人"，"*己所不欲，勿施于人*"的思想之道，以建立正确的人生观和正确处理人与人之间的关系。他创立的学说在中国古代占据统治地位，成为中国的文化主流，产生极为深远的影响。在现代，他的思想学说引起了各国专家学者们的注意。在我国的很多高校，还开设了**《论语》**选修课。

图 2-81　"孔子介绍"文档的内容

（2）脚注和尾注的基本操作。

① 新建文档。创建"唐宋词选.docx"，并输入如图 2-82 所示的内容：

忆江南

白居易

江南好，风景旧曾谙。

日出江花红似火，春来江水绿如蓝，能不忆江南？

丑奴儿

辛弃疾

少年不知愁滋味，爱上层楼。

爱上层楼，为赋新词强说愁。

而今识尽愁滋味，欲说还休，却道天凉好个秋。

图 2-82　"唐宋词选"文档的内容

② 编辑文档。设置适当的字体格式和段落格式；在第 3 段前插入分页符，将文档分为两页。

③ 在文档中插入如下脚注。

● 在第一页"风景旧曾谙"后插入题注"谙（an　安）：熟悉。"，在"春来江水绿如蓝"后插入脚注"蓝：植物名，有多种，这里指的是蓼（liao　潦）蓝。"。

● 在第二页"爱上层楼"后插入脚注"层杰：高楼。"，在"为赋新词强说愁"后插入脚注"强：勉强。"。

④ 在文档中插入如下尾注。

● 在第一页"白居易"后插入尾注"白居易，字乐天，号香山居士，是唐代伟大的现实广义诗人，也是写词较多，较好的一位词人。"

● 在第一页"辛弃疾"后插入尾注"辛弃疾，字幼安，号嫁轩，是南宁时期著名的抗金将领。他的词雄浑豪放，给当时和后世以巨大影响。"

● 观察脚注和尾注的注释文本出现的位置；将鼠标指针分别指向文档正文中脚注和尾注编号，观察出现的注释文本。

⑤ 编辑脚注和尾注。

● 移动脚注：将第二页的词整个移动到第一页的开始位置；观察脚注编号、尾注编号以及注释文本的编号顺序变化。

● 删除脚注：删除"爱上层楼"后的脚注编号，观察脚注编号、尾注编号以及注释文本的编号顺序变化。

（3）新建的 Word 文件"花朵儿歌集.docx"存盘，输入如图 2-83 所示的内容，题注标题为"花朵图案"，把"太阳花"、"荷花"、"牵牛花"和"茉莉花"设为脚注，"花朵儿歌集"设为尾注。

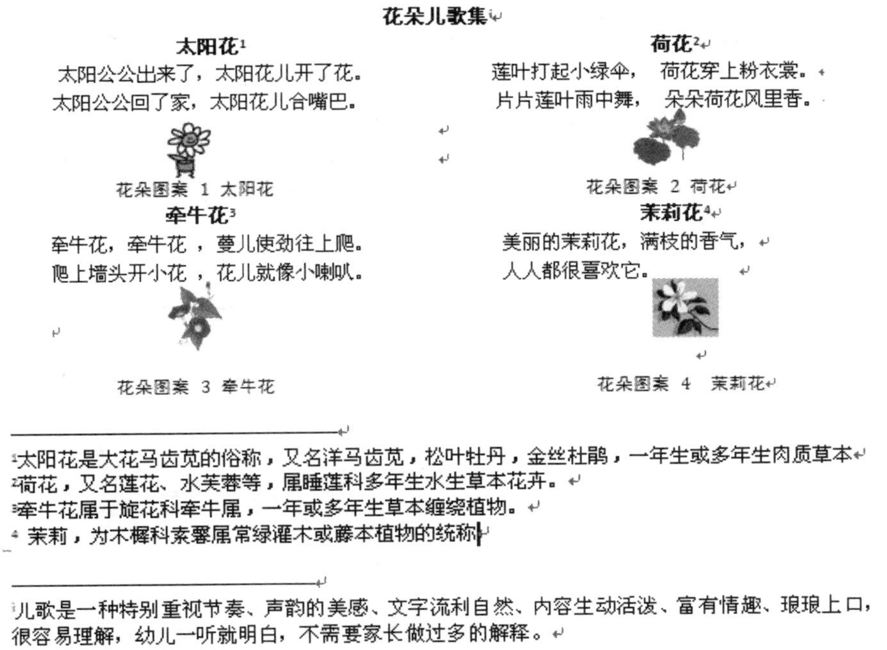

花朵儿歌集

太阳花[1]

太阳公公出来了，太阳花儿开了花。
太阳公公回了家，太阳花儿合嘴巴。

花朵图案　1　太阳花

荷花[2]

莲叶打起小绿伞，荷花穿上粉衣裳。
片片莲叶雨中舞，朵朵荷花风里香。

花朵图案　2　荷花

牵牛花[3]

牵牛花，牵牛花，蔓儿使劲往上爬。
爬上墙头开小花，花儿就像小喇叭。

花朵图案　3　牵牛花

茉莉花[4]

美丽的茉莉花，满枝的香气，
人人都很喜欢它。

花朵图案　4　茉莉花

---

[1] 太阳花是大花马齿苋的俗称，又名洋马齿苋，松叶牡丹，金丝杜鹃，一年生或多年生肉质草本
[2] 荷花，又名莲花、水芙蓉等，属睡莲科多年生水生草本花卉。
[3] 牵牛花属于旋花科牵牛属，一年或多年生草本缠绕植物。
[4] 茉莉，为木樨科素馨属常绿灌木或藤本植物的统称

儿歌是一种特别重视节奏、声韵的美感、文字流利自然、内容生动活泼、富有情趣、琅琅上口，
很容易理解，幼儿一听就明白，不需要家长做过多的解释。

图 2-83　"花朵儿歌集"文档的内容及效果

2.7　Word 2010 的高级应用实验

一、实验目的

（1）了解 Word 模板功能，掌握创建新模板的方法，并能应用模板建立文档；
（2）掌握文档的拼写检查和自动更正；
（3）掌握邮件合并的基本操作方法；
（4）掌握文档的批阅。

二、实验内容和操作步骤

1. 模板的基本操作

Word 2010 除了通用型的空白文档模板之外，还内置了多种文档模板，如博客文章模板、书法字帖模板等。另外，Office.com 网站还提供了证书、奖状、名片、简历等特定功能模板。借助这些模板，用户可以创建比较专业的 Word 2010 文档。在 Word 2010 中使用模板创建文档的步骤如下所述：

（1）利用系统"日历"模板创建日历文档

① 打开 Word 2010 文档窗口，单击"文件"选项卡→"新建"命令，打开新建文档窗口，在右窗格中的"Office.com 模板"区域选中"日历"模板类别，打开"日历"模板后，在窗口中列出各种日历模板，在搜索小窗输入"2013 日历"，显示 2013 日历相关的模板，如图 2-84 所示。

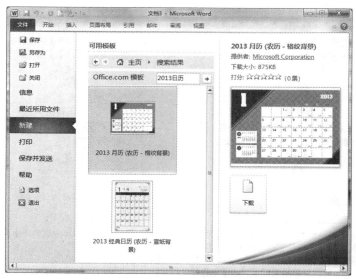

图 2-84　"日历"模板窗口

②　选中其中一个日历模板，在预览区域单击"下载"按钮开始下载，完成下载后将自动新建一个使用该模板的 Word 文档，如图 2-85 所示。其中各个元素，包括日期、星期、农历、节日、节气的对应关系不会有任何偏差。

③　日历文档创建好后，窗口上方出现"绘图工具/格式"选项卡，利用"绘图工具/格式"选项卡的功能，对新年日历进行个性化设置。可以设置日历的字体、字号及颜色等选项以标示出重要的节日和节气；或插入图片、修饰背景等，增强日历的美观。

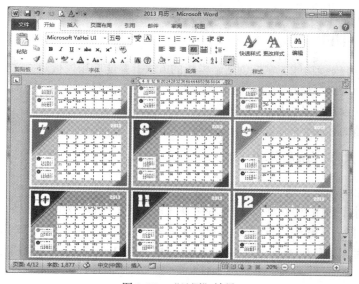

图 2-85　"日历"效果

④　将文档命名为"2013 日历.docx"保存。

（2）创建新的模板

①　在打开的 Word 2010 窗口，单击"文件"选项卡→"新建"命令，在"新建文档"任务窗

格中单击"我的模板"，在弹出的"新建"对话框中，单击"个人模板"选项卡→"空白文档"，在对话框中右边新建区域，选择"模板"，如图 2-86 所示，使"模板"选项有效，单击"确定"按钮。

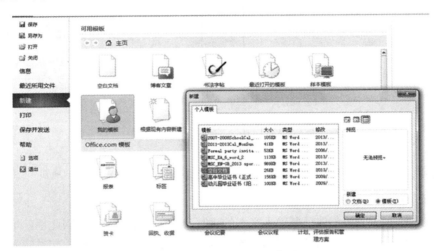

图 2-86　"新建模板"示意图

② 在新打开的名为"模板 1"的文档窗口中，输入如图 2-87 所示的内容：

南方大学教务处
校教发【………】………号
通知
各学院：
教务处

图 2-87　创建"模板 1"的内容

③ 设置字体格式：第 1 段为华文新魏字体、初号字、红色；第 2 段为宋体、小 4 号字、段前距离 1 行；第 3 段为楷体、小 1 号字；第 4、5 段为宋体、4 号字。

④ 设置段落格式：前 3 段居中对齐；第 5 段右对齐；调整各段之间距离，在第 4、5 段之间插入若干空行。

⑤ 其他设置：在第 2 段和第 3 段之间插入一个 4.5 磅的红色双划线；执行"插入"菜单的"日期和时间"命令，在文档末尾处插入一个"日期和时间"域，并设置为右对齐。编辑后文档如图 2-88 所示。

⑥ 以"教务处通知"为文件名，将模板保存在 D 盘中。

（3）利用新创建的模板建立文档

① 双击 D 盘中"教务处通知"模板，打开一个新的文档窗口（其中包含"教务处通知"模板中的文档框架元素）。

② 在"【　】"之间输入 2013；在"号"之前输入 15；在"各学院："之下，输入文档内容为"根据学校《关于 2013 年"五一"放假安排的通知》的精神，"五一"期间重修班课程停课，请学院及时转达到有关学生和老师。"

③ 编辑文档，并以"放假通知"为名，保存到 D 盘中。用"教务处通知.dotx"模板生成的"放假通知"文档如图 2-89 所示。

图 2-88　编辑后的模板文档　　　　　　　　　　　图 2-89　　"放假通知"文档

2. 拼写检查和自动更正

当输入文本时，由于很难保证所输入文本的拼写及语法都绝对正确，因此也就难免将某些单词拼错或将某些词语搞错。可以利用 Word 的"拼写和语法检查"自动指出文本输入过程中常见英文单词或中文成语的输入错误并"自动更正"，以提高办公效率。

① 输入如图 2-90 所示文档内容，使用拼写检查和自动更正功能对文字改错。

Being a good listener is critcal to your child's succes at school. If he can't follow directions, whether on the playground ("Pick a partner and pass the ball back and forth across the field") or in the classroom ("Take out a piece of paper and a crayon") — he'll have a tough time learning. Children whe are good listeners also have an advantage socially — they tend to be very good friends to others.↵
Here are seven ways you can help your child become a better listener:↵

图 2-90　　"拼写检查"例子

② 输入文本后，单击"审阅"选项卡→"校对"组→"拼写和语法"，如图 2-91 所示。

图 2-91　　"拼写和语法"选项

③ 在"拼写和语法"对话框中，显示出出错的拼写或语法，如图 2-92 所示，单击"自动更正"，则完成该错误的修改。Word 转向下一条错误。

④ 如果是语法错误，则显示如图 2-93 所示的对话框。

3. 插入批注和修订

批注和修订是用于审阅别人的 Word 文档的两种方法。批注本身很容易解释，是读者在阅读 Word 文档时所提出的注释、问题、建议或者其他想法。批注不会集成到文本编辑中。它们只是对编辑提出建议，批注中的建议文字经常会被复制并粘贴到文本中，但批注本身不是文档的一部分，而修订却是文档的一部分。修订是对 Word 文档所做的插入和删除，可以查看插入或删除的内容、修改的作者，以及修改时间。

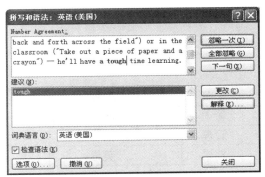

图 2-92 拼写错误

图 2-93 语法错误

"孔子简介.docx"文档添加批注后的效果如图 2-94 所示,将文档的审阅格式改成"修订",对文档进行增加、删除和修改操作。

图 2-94 批注和修订

① 选择需要添加批注的文字,例如"孔子",单击"审阅"选项卡→"批注"组→"新建批注",如图 2-95 所示,在"批注"文本框中输入批注文字。

图 2-95 "审阅"选项卡

② 设置"审阅"选项卡的"修订"为选中状态。此时文档处于修订状态,在文档中增加新的文本,新的文本变成"红色"加上"下划线";删除文本,被删除的文本变成"红色"并加上"删除线";修改文本,原来的文本加上"删除线",新的文本加上"下划线",如图 2-94 所示。

③ 如果要确定修订的内容,右键单击修订的文本,单击"接受修改";如果要取消修订的内容,右键单击修订的文本,单击"拒绝修订",如图 2-96 所示。

4. 邮件合并操作

利用邮件合并创建一个包含多份入学通知书的文档。

(1)创建数据源

新建一个名为"学生名单.docx"的文档,输入如图 2-97 所示的内容。将文档保存到 D 盘。

姓名	学院	专业
王平	管理	国际贸易
周州	管理	工商管理
刘丽丽	外语	英语

图 2-96　"修订"快捷菜单　　　　　　　　　图 2-97　数据源表

（2）创建主文档

① 创建一个新的空白文档，单击"邮件"选项卡→"开始邮件合并"组→"开始邮件合并"→"邮件合并分布向导"，弹出"邮件合并"向导窗格，如图 2-98 所示。共有 6 步操作，按照提示信息依次执行。

② 在"邮件合并"向导窗格第 1 步中的"选择文档类型"下选择"信函"选项；单击"下一步：正在启动文档"，进入到第 2 步，如图 2-99 所示。

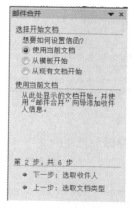

图 2-98　"邮件合并"向导窗格第 1 步　　　　图 2-99　"邮件合并"向导窗格第 2 步

③ 在邮件合并的第 2 步中，"选择开始文档"中选择"使用当前文档"，在当前文档中输入如图 2-100 所示的主文档内容：

入学通知书

　　　　同学：

你已经被我校计算机科学与技术专业录取，请于二零一三年八月三十日携本通知到我校报到。

南方大学

二零一三年八月十日

附件：新生报到注意事项

图 2-100　邮件内容

④ 字体格式设置：第 1 段为隶书、2 号字；最后 1 段为宋体、小 4 号字；其他段为楷体、4 号字；段落格式设置：第 1 段居中，第 3 段首行缩进，第 4、5 段右对齐；其他格式设置：自定义纸张大小为 12 厘米×16 厘米，上下页边距为 2 厘米，左右页边距为 1.6 厘米，页眉为"南方大学欢迎你"，背景为红色水印"原件"。设置完成后，文档效果如图 2-101 所示。

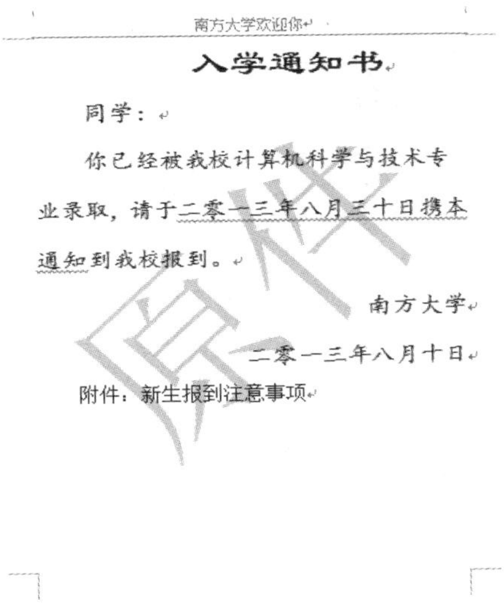

（3）在主文档中插入来自收件人的合并域

① 在"邮件合并"向导窗格第 2 步中，单击"下一步选取收件人"，进入到"邮件合并"第 3 步。在"选择收件人"下选择"使用现有列表"，单击"浏览"，在弹出的"选取数据源"对话框中选择"学生名单.docx"作为合并文档的数据源。弹出"邮件合并收件人"对话框，如图 2-102 所示，可对收件人范围进行设置。单击"确定"按钮关闭此对话框，回到"邮件合并"第 3 步，如图 2-103 所示。

图 2-101　主文档效果图

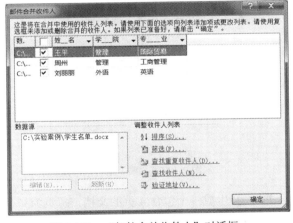

图 2-102　"邮件合并收件人"对话框

图 2-103　"邮件合并"第 3 步

② 在"邮件合并"第 3 步，单击"下一步撰写信函"，进入邮件合并第 4 步，如图 2-104 所示。将插入点移动到文档的"同学"之前，单击任务窗格中的"其他项目"，弹出第 4 步如图 2-105 所示的"插入合并域"对话框。选择插入"数据库域"，且"域"选择"姓名"，单击"插入"按钮，文档中即插入了"姓名"域，如图 2-106 所示。

③ 重复邮件合并第 4 步操作，分别在"学院"前插入"学院"域，"专业"前插入"专业"域。也可通过单击"邮件"选项卡→"编写和插入域"组→"插入合并域"命令来完成。

（4）生成合并文档

① 单击邮件合并第 4 步窗格中的"下一步预览信函"，即在文档的插入域名处显示数据源表格中第一行数据（即第一条记录王平的信息），如图 2-107 所示；连续单击任务窗格中"收件人"右侧的">>"按钮，可依次看到各人的入学通知书。也可通过"邮件"选项卡→"预览结果"组→"下一个记录"命令来完成。

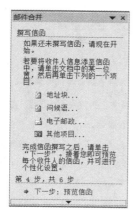

图 2-104　"邮件合并"第 4 步

图 2-105　"插入合并域"对话框

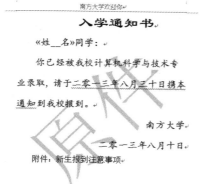

图 2-106　插入"姓名"域

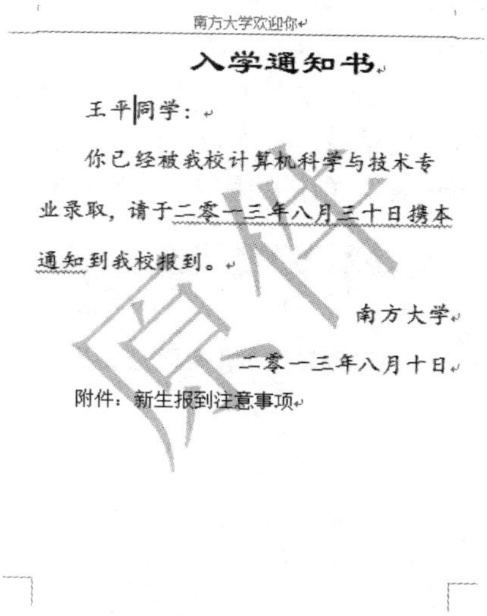

图 2-107　"第一条"记录预览结果

② 单击邮件合并窗格的"下一步完成合并"，会生成一个包含 4 页的文档，每页为一个学生的入学通知书。将该文档命名为"入学通知书.doc"，保存到 D 盘中。

三、自测练习

【考查的知识点】Word 中模板应用，拼写检查和自动更正，文档的批阅和邮件合并等。

【练习步骤】

（1）使用"名片"模板制作一张名片。

① 选择模板"名片"、标准大小、单面、单独的名片。

② 名片内容：公司名称为"北京天马有限责任公司"；姓名为"周州"，职务为"总经理"；其他内容自定义。

③ 将一张剪贴画插入到名片中，并调整其大小到适合的尺寸。

④ 以"周州名片"为文件名保存文档。

（2）邮件合并操作。

① 建立如图 2-108 所示的数据源，并以"会议名单.docx"为名保存到 D 盘下。

姓名	职称/职务	会场	联系人	电话
赵英	教授	二	刘丽	010-61234456
王青林	主任	一	刘丽	010-61234456
张世国	教授	三	肖明明	010-61237842

图 2-108　"会议名单"文档的内容

② 新建 Word 文档，输入如图 2-109 所示的内容。

邀请函

尊敬的 ＿＿＿ 教授：

为了培养具有创新精神和实践能力的高级专门人才，与全国各高校教育工作者和教育理论研究者与其精品课程建设经验和教学改革研究心得，现拟于 2013 年 10 月 14 至 2013 年 10 月 16 日在南方大学召开"高等学校本科教育精品课程建设"研讨会，并请您在第＿＿分会场做重点发言。敬请届时光临。

联系人：＿＿＿＿

电话：＿＿＿＿

南方大学高等教育研究所
2013 年 8 月 12 日

图 2-109　"南方大学邀请函"文档的内容

③ 进行邮件合并，在文档的下划线处插入相应的合并域，生成一个包含 3 页的合并文档。

④ 以"南方大学邀请函.docx"为名，将合并文档保存到 D 盘中。

2.8　Word 综合练习

一、题目

要求：任选其中一个题目或自拟题目。

题目一：大学生活第一天

题目二：计算机与人类社会

题目三：家乡的雨

二、练习要求

① 论文打印时，全部采用 A4 纸双面打印，论文一级标题使用黑体 4 号字，二级标题使用黑体小 4 号字，三级标题使用加黑宋体小 4 号字，标题最多到三级标题。正文使用宋体小 4 号字，不得使用斜体字，页面行距取 1.5 倍。英文一般要求字体为"Times New Roman"，字号与同一级别的汉字相同。

② 论文中所有的图表均要注明图号、图名、表号、表名，标注相对于图表要居中，字体采用宋体 5 号字。

③ 建立 Word 文档，输入文档内容。字数在 800 以上。文档内容自己编写，不要抄袭。

④ 字体格式设置。包括：设置字体、字型、字号、颜色、下划线、加边框和底纹、插入项目符号和编号、首字下沉等。

⑤ 段落格式设置。包括：设置段间距、行间距、缩进方式、对齐方式、加边框和底纹等。

⑥ 页面设置。包括：设置页眉和页脚、分页、分栏、页边距、纸张大小等。

⑦ 图文混编。根据文档内容插入图片或绘制图形；对图片或图形进行编辑，并设置图片或图形与文档内容的环绕方式。

⑧ 艺术字、文本框和数学公式编辑。设置文字为艺术字或文本框，使用公式编辑器编辑数学公式，并调整其大小、位置及与文档内容的环绕方式。

⑨ 表格设置。包括表头设计、底纹设置、统计计算、排序等。

⑩ 文档打印。用 A4 纸打印所编辑的黑白文档稿，两页以上。

第3章
Excel 2010 的使用

3.1　Excel 2010 的功能简介

Excel 2010 微软 Office 系列中的电子表格软件，本章着重介绍 Excel 2010 的基本操作，包括一些常用的操作技术和操作技巧。通过本章的学习，可以快速掌握 Excel 2010 的基本功能，并能加以应用，可为今后的进一步学习打下良好的基础。

3.1.1　Excel 2010 的主要功能

Excel 2010 具有强大的运算与分析能力，可以进行各种数据处理、统计分析和辅助决策，广泛应用于管理、金融、统计等各种领域。

① 方便强大的表格功能，能同时编辑多张工作表，直接在工作表中完成数据的输入和结果的输出。

② 提供丰富的函数，能对表格数据作复杂的数学分析和报表统计。

③ 具有丰富的图表分析功能，能使图、文、表有机地结合在一起。

④ 能从不同角度对数据进行分析，对数据进行重组。

⑤ 能与 Windows 下运行的其它软件共享数据资源。

相比 Excel 2003，新版本增加了迷你图、切片器、web 等功能支持，增强了图表、公式等功能支持，使用改进的功能区界面使操作更直观、更快捷，实现了质的飞跃。

3.1.2　Excel 2010 窗口的基本组成

Excel 2010 将 Excel 2003 及之前版本的菜单和工具栏改成了选项卡的形式，打开 Excel 2010 后其应用程序窗口如图 3-1 所示。

（1）编辑栏

用于输入、编辑、显示活动单元格中的数据或公式。

（2）名称框

在编辑栏左侧，显示活动单元格的名字，若没有命名就显示其坐标。即显示当前单元格的地址，如图 3-1 所示的 "C8"。

（3）工作表标签

每个工作表都有一个名称，称为工作表标签，工作表的默认名称依次为：sheet1，sheet2，…，也可以自行改变名称（双击标签）。一个标签代表一张工作表，单击另一个标签就改换了当前工作表。

（4）列标和行号

分别使用字母和数字，合在一起用来标识单元格在工作表中的位置。

（5）活动单元格

活动单元格也称为当前单元格，工作表中正在工作的那个单元格叫做活动单元格，活动单元格的边框线为粗线，其坐标显示在名称框内，例如图 3-1 中的 C8 单元格。

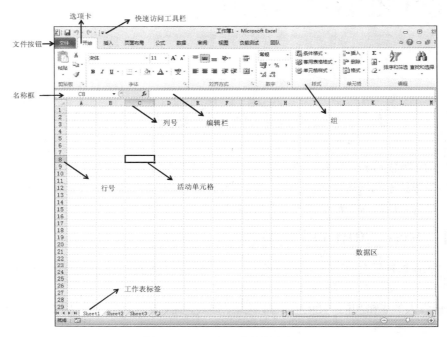

图 3-1   Excel 2010 应用程序窗口

（6）快速访问工具栏

快速访问工具栏中可以设置常用命令，以方便用户的操作，默认为"保存"、"撤销键入"、"重复键入"，可单击快速访问工具栏右侧向下箭头打开快速访问工具栏自定义菜单。

（7）选项卡

Excel 2010 的功能区包含若干种选项卡，每种选项卡是一系列命令的集合，以组的形式体现，主要选项卡包括：

① "开始"选项卡。"开始"选项卡中包括"剪贴板"、"字体"、"对齐方式"、"数字"、"样式"、"单元格"和"编辑"组，对应 Excel 2003 的"编辑"和"格式"菜单部分命令。该功能区主要用于帮助用户对 Excel 2010 表格进行文字编辑和单元格的格式设置，是用户最常用的选项卡，如图 3-2 所示。

图 3-2   "开始"选项卡

② "插入"选项卡。"插入"选项卡包括"表格"、"插图"、"图表"、"迷你图"、"筛选器"、"链接"、"文本"和"符号"组，对应 Excel 2003 中"插入"菜单的部分命令，主要用于在 Excel 2010 表格中插入各种对象，如图 3-3 所示。

图 3-3　"插入"选项卡

③ "页面布局"选项卡。"页面布局"选项卡包括"主题"、"页面设置"、"调整为合适大小"、"工作表选项"和"排列"组，对应 Excel 2003 的"页面设置"菜单命令和"格式"菜单中的部分命令，用于帮助用户设置 Excel 2010 表格页面样式，如图 3-4 所示。

图 3-4　"页面布局"选项卡

④ "公式"选项卡。"公式"选项卡包括"函数库"、"定义的名称"、"公式审核"和"计算"组，用于实现在 Excel 2010 表格中进行各种数据计算，如图 3-5 所示。

图 3-5　"公式"选项卡

⑤ "数据"选项卡。"数据"选项卡包括"获取外部数据"、"连接"、"排序和筛选"、"数据工具"和"分级显示"组，主要用于在 Excel 2010 表格中进行数据处理相关方面的操作，如图 3-6 所示。

图 3-6　"数据"选项卡

⑥ "审阅"选项卡。"审阅"选项卡包括"校对"、"中文简繁转换"、"语言"、"批注"和"更改"组，主要用于对 Excel 2010 表格进行校对和修订等操作，适用于多人协作处理 Excel 2010 数据，如图 3-7 所示。

图 3-7 "审阅"选项卡

⑦ "视图"选项卡。"视图"选项卡包括"工作簿视图"、"显示"、"显示比例"、"窗口"和"宏"组，主要用于帮助用户设置 Excel2010 表格窗口的视图类型，以方便操作，如图 3-8 所示。

图 3-8 "视图"选项卡

3.1.3 Excel 2010 的基本概念

1. 工作簿

工作簿即用 Excel 处理的文件。工作簿的名字就是文档的文件名，工作簿的扩展名是.XLSX。一个工作簿缺省含有 3 个工作表，就像一个活页夹预先装有 3 张活页纸。分别以系统默认的 Sheet1、Sheet2、Sheet3 命名，一个工作簿内最多可以增加到 255 个工作表，存放海量的数据。

2. 工作表

一个工作表就像一张巨大的活页纸，上面用暗网格线分出 65536 个行，每行又分出 256 个列，总共分隔出 1 千 6 百多万个单元格。行号用自然数 1～65536 表示；列标用字母 A～Z、AA～AZ、BA～BZ、……、HA～HZ、IA～IV 表示。新建的工作表默认名称为 Sheet1、Sheet2、……等，显示在工作表标签上，必要时双击标签就可以改名。正在处理的那个工作表称为当前工作表或活动工作表，同一时间只能有一个当前工作表，它的标签无遮挡地以亮色显示。单击另一个标签就可以改换当前工作表。使用工作表标签区左侧的 4 个按钮可以查找被遮挡的工作表标签。单击标签最右侧的按钮即可增加一个新的工作表，如图 3-9 所示。

图 3-9 工作表标签名更改及新增工作表

3. 单元格

单元格是工作簿中最小的组成单位。它同时具有 3 个功能，即存储、运算和显示。单元格在工作表中的位置用坐标（也叫单元格地址或引用地址）表示，坐标由列标和行号组成。例如，B2 表示 B 列第 2 行的单元格。

4. 单元格区域

单元格区域是若干个连接在一起的单元格所组成的矩形区，简称区域。区域的位置和范围用下面的方法标识：区域左上角单元格坐标：区域右下角单元格坐标。例如 B2:C3 标识的区域包括 B2、B3、C2、C3 共 4 个单元格，特殊的，例如 D:D 标识的区域是第 4 列全部 65536 个单元格，而 4:6 标识的区域则是 4～6 行全部 768 个单元格。可以为单元格区域赋予一个适当的名字，以便在公式中引用。

（1）单元格引用

单元格引用简称引用（reference），即前述的单元格或区域的地址、坐标。它指明了公式中引用的数据的位置。可以认为，引用的概念和数学中的变量相似，因为某个单元格的数据一旦改变，引用该单元格的公式的计算结果也会随之改变。引用分为相对引用（如=B6）、绝对引用（如=SUM（$D$6:$D$8））和混合引用（如=D$6）。引用中的字符$可直接键入，也可用"F4"键转换。例如单元格内输入"=A5"而尚未确认，每按一次 F4 键，A5 就转换一次，依次是$A$5、A$5、$A5、A5，周而复始。

① 相对地址与相对引用。相对地址指直接用列号和行号组成的单元格地址，相对引用指将公式从一个单元格复制到另一个单元格时，原来公式中所引用的单元格地址将被修改成相对于新的单元格有关的地址。例如单元格 E3 处有一公式："=B3+C3+D3"，当该公式被复制到 E6 单元格，此公式自动转换成："=B6+C6+D6"。

② 绝对地址与绝对引用。绝对地址是指在列号和行号前加上"$"符号构成的单元格地址，如$B$8，绝对地址引用时，公式中的单元格地址在复制时不发生变化。

③ 混合地址与混合引用。混合地址指列号和行号中有一个采用绝对地址表示，另一个采用相对地址表示的单元格地址，如 B$8。混合地址引用下，混合地址中绝对地址表示的部分保持不变，相对地址表示的部分随新的复制位置发生变化。

（2）单元格数据类型。

Excel 可以在单元格中输入不同的数据类型（文本、数值、日期和时间、公式和函数）。Excel 会根据不同的输入自动判断，可以单击"开始"选项卡→"单元格"组→"格式"→"设置单元格格式"，在弹出的"设置单元格格式"对话框中设定，如图 3-10 所示。也可以在"开始"选项卡→"数字"组→"数字格式"下拉菜单中设置。

① 文本数据。文本是含汉字、字母、数字、空格及各种符号的字符串。电话号码、学号等纯数字符串，最好作为文本而不要当数字处理，最简单的方法是先输入一个单引号"'"再输入电话号码或学号等。默认状态下，文本在单元格内靠左对齐显示。如果文本长度超过单元格的宽度而且右邻单元格又没有内容，则内容显示会扩展到右邻的单元格内。

② 数字数据。数字由阿拉伯数字组成，还可能前有+、–号、币符$和¥等，后有%号，中间有字母 E 或 e、小数点和逗点。默认状态下，数字在单元格内靠右对齐显示。需要注意的是：负数前加负号"–"，或用括号括起来，如：–8 和（8）是等价的；分数应使用整数加分数的形式，以免把输入的数字当作日期，如：3/4 应写成 0 3/4；如果数字太长无法在单元格中显示，单元格将以"###"显示，此时需增加列宽；数字前加"¥"或"$"则以货币形式显示；可以使用科学计

数法表示数字，如：345000 可写成 3.45E5；数字也可用百分比形式表示，如：50%；如果要将数字当文本输入，应先输入一个单引号，如：'09201001。

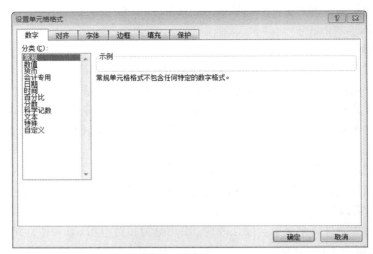

图 3-10 "设置单元格格式"对话框

③ 时间和日期。Excel 从 1900 年 1 月 1 日 0 时开始计时，每过一天加 1，过 12 小时则加 0.5。日期时间输入格式主要有 "yy/mm/dd"、"yy-mm-dd" 和 "hh:mm:ss"、"hh:mm:ss am" 等。凡按照这些格式输入的数据都会自动显示成日期和时间。

日期使用斜线 "/" 或连字符 "-" 输入，格式比较自由，例如："10/5/1" 或 "2010-5-1" 均可。时间用冒号 ":" 输入，一般以 24 小时格式表示时间，若要以 12 小时格式表示时间，需在时间后加上 A（AM）或 P（PM）。A 或 P 与时间之间要有一个空格。在同一单元格中可以同时输入时间和日期，但时间和日期之间要有一个空格。按组合键 Ctrl+ "；"（分号）键输入当天日期。按组合键 Ctrl+Shift+ "；"（分号）键输入当天时间。

5. 运算符

Excel 运算符包括以下几类：

① 引用运算符。冒号 ":" 表示区域，逗号 "," 表示联合，空格 " " 表示交叉。

② 算术运算符。算术运算符包括加 "+"、减 "−"、乘 "*"、除 "/"、百分 "%"、乘方 "^" 等。算术运算符的运算结果为数字。"−" 的另一种用法就是用作负数的符号。

③ 关系运算符。关系运算符包括等于 "="、大于 ">"、小于 "<"、大于或等于 ">="、小于或等于 "<="、不等于 "<>"。含比较运算符的公式，结果值只能是 TRUE（真）或 FALSE（假）。

④ 文本运算符。其只有一个 "&"，它的前后各放一个计算结果是字符串的公式或者一个用引号 """" 括起来的字符串常量，运算结果是前、后两个字符串的连接。

Excel 规定了运算符的运算优先级，由高到低的顺序是：冒号（区域符）、逗号（联合符）、空格（交叉符）、负号−、%、^、*和/、+和-、&、关系运算符。在一个公式中较高级别的运算先算，同一级别的运算顺序从左到右。圆括号()可以改变运算的先后顺序。

注意

Excel 没有使用逻辑运算符，逻辑运算由逻辑函数 AND、OR 等承担。

6．公式和函数

公式是对数据进行分析与计算的等式。通过公式，可对不同单元格中的数据进行加、减、乘、除等运算。公式中包括一个或多个单元格地址（名称）、数据和运算符。另外，Excel 有很多预先定义好的复杂公式供用户使用，这些公式称为函数。通过设置一些函数中定义的参数，可以按照一定的顺序或结构执行计算。

输入一个公式时，以一个等号"="作为开头，然后才是表达式。在一个公式中可以包含各种运算符、常量、变量、单元格地址等。输入公式有两种方法，操作方法分别如下：

（1）直接输入

① 单击要输入公式的单元格；

② 输入等号"="；

③ 输入公式，所输入的公式出现在编辑栏中；

④ 按回车键或单击"输入"按钮。

输入后的公式只能在编辑栏中看到，在单元格中只显示其结果。

（2）引用单元格输入

① 单击要输入公式的单元格；

② 输入等号"="；

③ 单击在公式中出现的第一个单元格，其地址将出现在编辑栏中；

④ 输入运算符；

⑤ 按照第③、④步的方法，依次输入单元格地址和运算符，直到公式结束；

⑥ 按回车键或单击"输入"按钮。

常用的函数有 SUM()（求和）、AVERAGE()（求平均值）等。函数由以下三部分组成：等号"="、函数名、参数。参数指明函数所操作的数据所在的单元格地址，通常以区域形式出现，如：A1:G1 代表从 A1 到 G1 的一行数据。

（1）手工输入函数

对于一些简单的函数，可采用手工输入的方法。手工输入函数同在单元格中输入一个公式的方法一样。只需先在输入框内输入一个"="，然后输入函数本身即可。例如，在单元格中输入："=MAX(A2:A10)"。

（2）使用"插入函数对话框"输入函数

① 选定要输入函数的单元格；

② 单击"公式"选项卡→"函数库"组→"插入函数"，则弹出"插入函数"对话框，如图 3-11 所示；

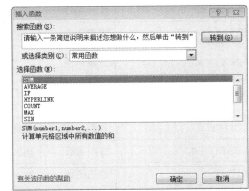

图 3-11　"插入函数"对话框

③ 在对话框内，选择所需的函数，如选 SUM 函数，单击"确定"按钮，则弹出 SUM 函数的"函数参数"对话框，如图 3-12 所示，可以在数据框中输入函数的参数，则在选定的单元格中出现函数的结果。

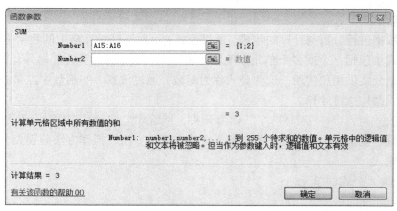

图 3-12　SUM 函数的"函数参数"对话框

在编辑栏单击粘贴函数 f_x 按钮也可以弹出"插入函数"对话框。常用函数的如表 3-1 所示。

表 3-1　　　　　　　　　　　　　　常用函数列表

函数名	类型	功能	示例
SUM(x1, x2, …)	数值函数	求 x 数值之和	SUM(A1:A10)
SUMIF(x, y, z)	数值函数	对 x 范围复合 y 的条件的数值 z 进行求和	SUMIF(A1:A10, ">5", B1:B10)
AVERAGE(x1, x2, …)	数值函数	求 x 数值的平均值	AVERAGE(A1:A10)
COUNT(x1, x2, …)	统计函数	求 x 的个数	COUNT(A1:A10)
COUNTIF(x, y)	统计函数	计算给定条件的单元格个数	COUNTIF(A1:A10, "<60")
MAX(x1, x2, …)	统计函数	求 x 中的最大值	MAX(A1:A10)
MIN(x1, x2, …)	统计函数	求 x 中的最小值	MIN(A1:A10)
IF(x, y, z)	逻辑函数	x 为真时执行 y，否则执行 z	IF(A2>60, "及格", "不及格")
AND(x1, x2, …)	逻辑函数	求交集，所有数据为真返回 TURE	AND(A1>10, A2<50)
OR(x1, x2, …)	逻辑函数	求并集，任意一个为真返回 TURE	OR(A1>10, A2<50)
TODAY()	日期函数	返回系统当前日期	TODAY()
YEAR()	日期函数	返回日期中的年份	YEAR(C1)
INT(x)	数值函数	将 x 转换为整数	INT(YEAR(TODAY))
MID(x, y, z)	文本函数	从 x 文本串中的 y 位置开始取 z 个字符	MID("12345", 1, 4)

7. 图表类型

在 Excel 中，用图表将工作表中的数据表示出来，可以使数据更加直观、生动、醒目，易于阅读和理解，同时也可以帮助人们分析和比较数据。Excel 2010 的图表包括柱状图、折线图、饼图、条形图、面积图等，如图 3-13 所示。

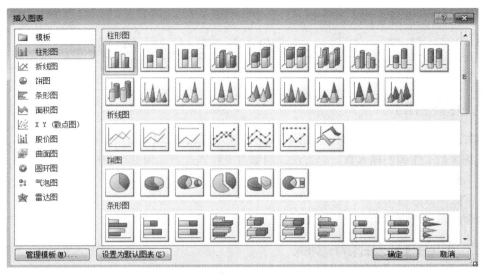

图 3-13 Excel 图表类型

插入图表后，Excel 2010 会显示"图表工具"功能区，包括"设计"、"布局"和"格式"三个选项卡，可以使用 Excel 预设的模板进行图表美化，如图 3-14 所示。

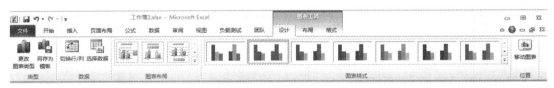

图 3-14 图表工具功能区

8. 数据处理

（1）数据排序

Excel 2010 支持多字段排序，选定要进行排序的单元格区域，单击"数据"选项卡中的"排序与筛选"组中的命令进行排序。

（2）数据筛选

筛选数据只显示那些符合条件的记录，而将其他记录隐藏起来，Excel 分为"自动筛选"和"高级筛选"两种。"自动筛选"可以通过每个列标题的右侧的向下的箭头进行操作，下拉菜单弹出的对话框中，可以对所选列进行排序，Excel 会根据所选列的数据类型自动提示数字筛选和文本筛选，筛选选项中可以进行大于、小于、等于、介于、包含、不包含等筛选条件。

（3）数据分类汇总

分类汇总是对数据清单上的数据进行分析的一种方法，分类汇总会根据分类字段进行排序，并对汇总项进行 SUBTOTAL 计算。

（4）数据透视表

数据透视表报表是一个动态表格，可让用户采用不同的方式解释数据，而无需输入公式。即可通过不同的分类和计算汇总分析庞大的数据集。例如，通过大学班级的学生列表，可以迅速了解班上学生的年龄分布和成绩分布。

3.2　Excel 2010 基本操作实验

一、实验目的

① 掌握 Excel 2010 的启动和退出操作方法，熟悉 Excel 2010 的操作界面；
② 掌握在工作表中输入数据的方法，能够对工作表进行编辑处理和格式设置；
③ 掌握公式的使用；
④ 掌握函数的使用；
⑤ 掌握简单图表的绘制。

二、实验内容和操作步骤

1. 工作表数据输入

① 打开 excel 2010，单击"文件"选项卡→"新建"→"空白工作簿"；
② 在工作表中输入如表 3-2 所示的数据；

表 3-2　　　　　　　　　　　　　　实验数据一

姓名	工资	学历	身份证	绩效
申鹏程	8000	硕士	200921198712260546	95.3
迟小悦	6000	本科	110501197905031267	88.2
周思源	5000	大专	456726197901211672	92.4
郑大骏	3500	高中	551164196811292168	75
贺高勇	6000	本科	123642199012193315	85
赵小鑫	5000	大专	543784197605081524	84.6
李克勤	8000	硕士	516195197606110549	65.6
于小胖	6000	本科	123784196706304567	63
刘璐璐	5000	大专	154978196810289234	78.1
孙高泽	3500	高中	456789195905084945	86
安世宁	8000	硕士	456713198007145522	92.5
吴克勤	6000	本科	154795197905031679	75
李　宇	5000	大专	157164196703175756	51.4
杨恺瑞	3500	高中	159456196008060917	33.2
陈　昊	6000	本科	132204198810018822	88
巫锡斌	5000	大专	123497198511261239	73
梁共荣	8000	硕士	123456196802164567	80.5
梅花花	6000	本科	187341198211304655	91
蒋志丹	5000	大专	356715197607153497	38
邓志龙	3500	高中	187167198007168713	60

③ A1、B1、C1、D1、E1 单元格分别输入"姓名""工资""学历""身份证号""绩效";

④ A2、B2、C2 单元格分别输入:"申鹏程""8000""硕士",D2 单元格中输入 "'200921198712260546",E2 输入"96.3";

⑤ 依次输入表 3-2 中所有数据;

⑥ 选中 A16,单击右键→"插入"→"整行"→"确定",如图 3-14 所示;在新增加的行 中输入"罗小强""6000""硕士""'132204198810018822""85.5";

⑦ 选中 A18,单击右键→"删除"→"整行"→"确认",如图 3-15 所示。

图 3-15　数据插入和删除

2. 批量数据输入

① 选中 A1,单击右键→"插入"→"整列",将 A1 单元格改为"序号";

② A2、A3 分别输入 1、2,选中 A2、A3,将鼠标指针指向要复制数据的单元格右下角的填 充柄(鼠标指针变成十字),按住左键拖过要填充的单元格,如图 3-16 所示;

③ 增加分公司列,在 G2 中输入"北京分公司",选中 G2,将鼠标指针指向要复制数 据的单元格右下角的填充柄(鼠标指针变成十字),按住左键拖过要填充的单元格,如图 3-16 所示;

④ G13 输入"上海分公司",按照第③步进行填充。

3. 数据有效性

① 单击选中 C 列,单击"数据"选项卡→"数据工具"组→"数据有效性",在弹出的"数 据有效性"对话框中设置工资的有效范围,如图 3-17 所示;

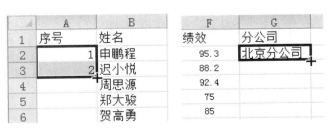

图 3-16　批量数据输入

图 3-17　数据有效性设置

② 在 Q2:Q6 中分别输入"市场部""销售部""产品部""人力部""财务部";

③ 新增 H 列,H1 输入部门,选中数据区 H2:H21,单击"数据"选项卡→"数据工具"

组→"数据有效性"，在弹出的对话框中设置部门的有效范围，单击"数据有效性"对话框的"来源"右侧图标，将部门数据来源选为 Q2:Q6，如图 3-18 所示；

④ 修改 H2 为 50000，提示输入数据无效；

⑤ 为 H 列从下拉菜单中选择部门，完成数据输入，如图 3-18 所示，最终输入结果如图 3-23 所示。

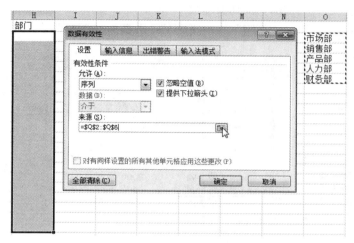

图 3-18　下拉菜单输入

4. 公式和函数

① 新增 I 列，I1 单元格改为"实发工资"；

② I2 中输入"=C2*F2/100"，回车后显示计算绩效之后的实发工资；

③ 选中 I2，单击右键→"复制"，选中 I3，单击右键→"粘贴选项"→"公式"，如图 3-19 所示；

④ 选中 I3，将鼠标指针指向要复制数据的单元格右下角的填充柄（鼠标指针变成十字），按住左键拖过要填充的单元格，如图 3-19 所示；

⑤ 新增 J 列，J1 单元格改为"税率"；

图 3-19　复制公式

⑥ 选中 J2，单击编辑栏左侧的插入函数按钮 f_x，在弹出的对话框中选择 IF 函数，并设置 IF 函数参数，如图 3-20 所示，公式为："=IF（I2>5000，IF（I2>7000，0.3，0.2），0）"；

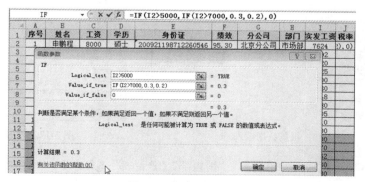

图 3-20　插入 IF 函数

⑦ 选中 J2，将鼠标指针指向要复制数据的单元格右下角的填充柄（鼠标指针变成十字），按住左键拖过要填充的单元格；

⑧ L 列新增一列，输入图 3-21 所示内容；

⑨ 工资统计和查询表的公式和函数操作。

● 选中 M1，插入函数 "COUNT"，在 value1 单击 ，选中 A2:A21 数据，如图 3-22 所示；

● 选中 M2，插入函数 SUM，计算公式为："=SUM（I2:I21）"；

● 选中 M3，插入函数 MIN，计算公式为："=MIN（I2:I21）"；

● 选中 M4，插入函数 MAX，计算公式为："=MAX（I2:I21）"；

● 选中 M5，插入函数 COUNTIF，计算公式为："=COUNTIF（J2:J21，">0"）"；

● 选中 M6，插入函数 SUMIF，计算公式为："=SUMIF（J2:J21，">0"，I2:I21）"；

● 选中 M7，插入函数 AVERAGE，计算公式为："=AVERAGE（I2:I21）"；

L	M
发放人数	
发放总数	
最低工资	
最高工资	
交税人数	
缴税额	
平均工资	
北京分公司	
上海分公司	
市场部平均	
财务部平均	
产品部平均	
人力部平均	
销售部平均	

图 3-21　新增工资统计表表项

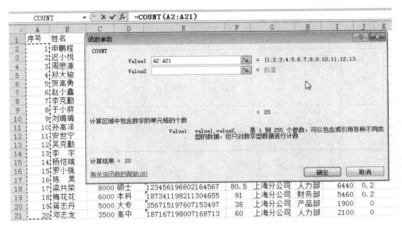

图 3-22　插入 COUNT 函数

● 选中 M8，插入函数 COUNTIF，计算公式为："=SUMIF（G2:G21，"北京分公司"，I2:I21）"，M9 类似；

● 选中 M10，插入函数 AVERAGEIF，计算公式为："=AVERAGEIF（H2:H21，"市场部"，I2:I21）"，M11、M12、M13、M14 类似；

● L17，M17，N17 分别输入："序号"、"姓名"、"工资"；

● M18 插入函数 VlOOKUP，公式为："=VLOOKUP（L18，A2:J21，2，FALSE）"，N18 中插入函数 VLOOKUP，公式为："=VLOOKUP（L18，A2:J21，3，FALSE）"，在 M18 中输入序号，查找序号对应的人名和工资；

● 在 "绩效" 列前增加年龄列，在 F2 输入公式："=INT（YEAR（TODAY()）–MID（E2，7，4））"，利用公式复制填充 F 列。

5. 数据表格式

① 在第一行插入新的一行，A1 单元格输入 "大华公司职员信息及工资表"，选中 A1:K1 数据区，单击 "开始" 选项卡→ "对齐方式" 组→ "合并后居中" → "字体" 选项卡→ "宋体" → "14 号" → "加粗" → "填充颜色：橄榄色"；

② 选中 A2:K2 数据区，单击“开始”选项卡→“字体”组→“加粗”→“填充颜色：茶色”；

③ 选中 A3:K13 数据区，单击“开始”选项卡→“字体”组→“加粗”→“填充颜色：橄榄色淡色 80%”；选中 A12:K21 数据区，单击“开始”选项卡→“字体”组→“加粗”→“填充颜色：水绿色淡色 40%”；

④ 选中 A1:K21，单击“开始”选项卡→“字体”组→“边框”→“所有框线”→“对齐方式”组→“居中”；

⑤ 选中 G3:G22，单击“开始”选项卡→“数字”组→“设置单元格格式”→“数值”，保留小数点后两位；选中 K3：K22，单击“开始”选项卡→“数字”组→“设置单元格格式”→“数值”，保留小数点后一位；

⑥ 添加“发放工资统计表”标题”，并按照图 3-23 所示设置格式，其中工资部分设置为货币格式，“发放总数”、“缴税额”、“平均工资”设为红色；

⑦ 添加“工资查询”标题，并按照图 3-23 所示设置格式；

⑧ 选择 Q 列，单击右键隐藏该列。

大华公司职员信息及工资表

序号	姓名	工资	学历	身份证	年龄	绩效	分公司	部门	实发工资	税率
1	申鹏程	8000	硕士	200921198712260546	26	95.30	北京分公司	市场部	7624	0.3
2	迟小悦	6000	本科	110501197905031267	34	88.20	北京分公司	销售部	5292	0.2
3	周思源	5000	大专	456726197901211672	34	92.40	北京分公司	产品部	4620	0.0
4	郑大骏	3500	高中	551164196811292168	45	75.00	北京分公司	产品部	2625	0.0
5	贺高勇	6000	本科	123642199012193315	23	85.00	北京分公司	人力部	5100	0.2
6	赵小鑫	5000	大专	543784197605081524	37	84.60	北京分公司	财务部	4230	0.0
7	李克勤	8000	硕士	516195197606110549	37	65.60	北京分公司	市场部	5248	0.2
8	于小胖	6000	本科	123784196706304567	46	63.00	北京分公司	销售部	3780	0.0
9	刘璐璐	5000	大专	154978196810289234	45	78.10	北京分公司	产品部	3905	0.0
10	孙高泽	3500	高中	456789195905084945	54	86.00	北京分公司	产品部	3010	0.0
11	安世宁	8000	硕士	456713198007145522	33	92.50	北京分公司	人力部	7400	0.3
12	吴克勤	6000	本科	154795197905031679	34	75.00	上海分公司	财务部	4500	0.0
13	李　宇	5000	大专	157164196703175756	46	51.40	上海分公司	市场部	2570	0.0
14	杨恺瑞	3500	高中	159456196008060917	53	33.20	上海分公司	销售部	1162	0.0
15	罗小强	6000	硕士	132204198810018822	25	85.50	上海分公司	产品部	5130	0.2
16	陈　昊	6000	本科	123497198511261239	28	88.00	上海分公司	产品部	5280	0.2
17	梁共荣	8000	硕士	123456196802164567	45	80.50	上海分公司	人力部	6440	0.2
18	梅花花	6000	本科	187341198211304655	31	91.00	上海分公司	财务部	5460	0.2
19	蒋志丹	5000	大专	356715197607153497	37	38.00	上海分公司	产品部	1900	0.0
20	邓志龙	3500	高中	187167198007168713	33	60.00	上海分公司	人力部	2100	0.0

发放工资统计表

发放人数	20.00
发放总数	¥87,376.00
最低工资	¥1,162.00
最高工资	¥7,624.00
交税人数	9.00
缴税额	¥52,974.00
平均工资	¥4,368.80
北京分公司	¥52,834.00
上海分公司	¥30,042.00
市场部平均	¥5,147.33
财务部平均	¥4,730.00
产品部平均	¥3,781.43
人力部平均	¥5,260.00
销售部平均	¥3,411.33

工资查询

序号	姓名	工资
2	迟小悦	6000

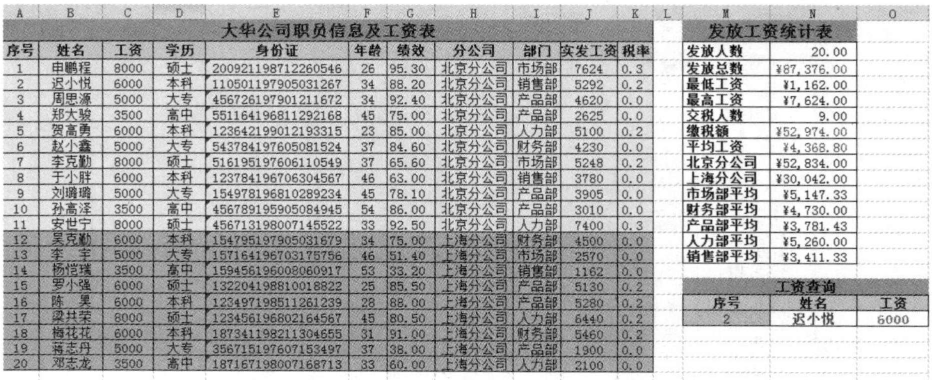

图 3-23　复制公式

6. 简单图表

① 选中 N11:N15 数据区，单击“插入”选项卡→“图表”组→“柱形图”→“二维柱形图”→“簇状柱形图”；

② 右键单击生成的图表→“选择数据源”，如图 3-24 所示；

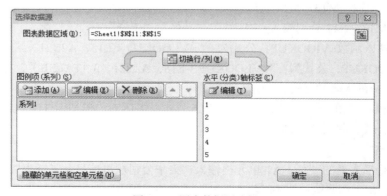

图 3-24　图表数据源选择

③ 单击"水平（分类）轴标签"的"编辑"按钮→选中 M11:M15 数据区为轴标签；

④ 单击"图例项（系列）"的"编辑"按钮→"系列名称"输入"平均工资"，最终结果如图 3-24 所示；

⑤ 选中 N9:N10 数据区，单击"插入"选项卡→"图表"组→"饼图"→"二维并图"→"饼图"；

⑥ 右键单击生成的图表→"选择数据源"，如图 3-24 所示，单击"水平（分类）轴标签"的"编辑"按钮→选择 M9:M10 数据区为轴标签，单击"图例项（系列）"的"编辑"按钮，"系列名称"输入"分公司工资对比"，最终结果如图 3-25 所示。

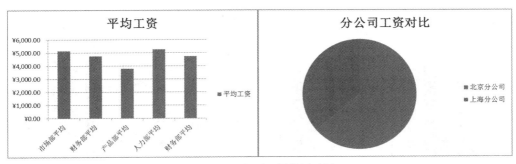

图 3-25　柱状图和饼状图示例

7. 图表格式

① 在工作表 Sheet2 中输入如表 3-3 所示的数据；

表 3-3　　　　　　　　　　　　　　　　实验数据 2

销量情况	投影仪	打印机
1 月	200	400
2 月	300	490
3 月	400	500
4 月	380	664
5 月	460	500
6 月	300	450

② 选中 A1:C7 数据区，单击"插入"选项卡→"图表"组→"柱形图"→"二维柱形图"→"簇状柱形图"；

③ 网格线设置：选中网格线→单击"图表工具"功能区→"格式"选项卡→"形状轮廓"→"虚线"→"方点"；

④ 纵坐标设置：选中纵坐标，右键单击→"设置坐标轴格式"→"坐标轴选项"，设定"最大值"为 800，"主要刻度单位"为 200；

⑤ 选中纵坐标→"图表工具"功能区→"格式"选项卡→"形状轮廓"→"无轮廓"；

⑥ 选中横坐标，右键单击→"设置坐标轴格式"→"坐标轴选项"→"主要刻度线类型"设为"无"；

⑦ 拖曳方式调整图例位置：选中图表区→"图表工具"功能区→"格式"选项卡→"大小"设为 12*10；调整图例、绘画区位置，如图 3-26 所示；

⑧ 单击"插入"选项卡→"文本"组→"文本框"→"横排文本框"→单击到图表区上端，添加标题，重复第⑧步添加脚注，如图 3-27 所示；

⑨ 单击选中柱形序列→"图表工具"功能区→"格式"选项卡→"形状样式"组→"填充"，将两个系列的柱状图调整为绿色和深蓝色，如图 3-27 所示；

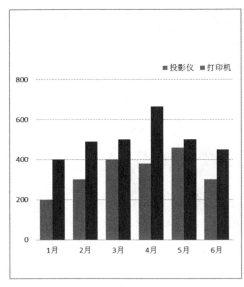

图 3-26　图标格式修改示例

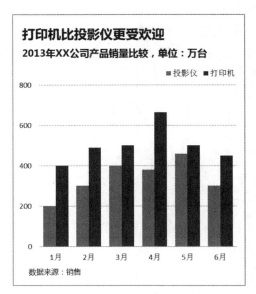

图 3-27　添加标题和脚注的效果

⑩ 复合图表操作。

● 在工作表 Shee3 中输入如表 3-4 所示的数据；

表 3-4　　　　　　　　　　　　　实验数据 3

月份	新注册用户	付费用户比例
1 月	3	12
2 月	4	13
3 月	6	8
4 月	7	4
5 月	9	6
6 月	10	5
7 月	15	3
8 月	18	2

● 单击"插入"选项卡→"柱形图"→"二维柱形图"→"簇状柱形图"，如图 3-28 所示；

● 右键单击付费比例序列→"设置数据系列格式"→"系列选项"→"系列绘制在"→"次坐标轴"，如图 3-29 所示；

● 右键单击付费比例序列→"更改数据图表类型"→"折线图"→"折线图"，如图 3-30 所示；最终结果如图 3-31 所示。

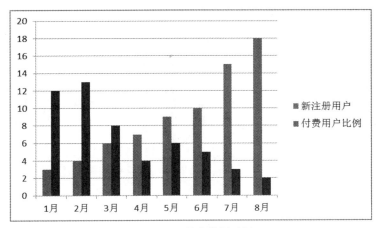

图 3-28　二维柱状图示例

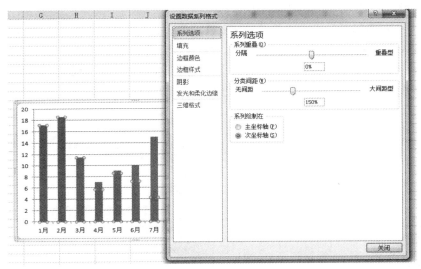

图 3-29　设置图表格式

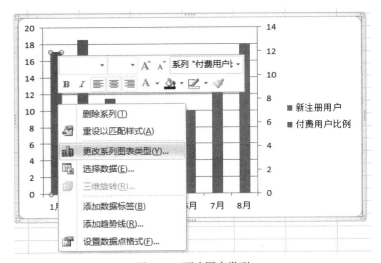

图 3-30　更改图表类型

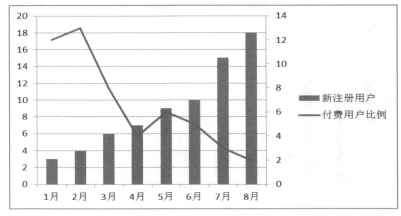

图 3-31　复合图表最终结果

8. 保存和打印

① 单击"快速访问工具栏"→"保存"按钮，或单击"文件"选项卡→"保存"；在弹出的对话框中，输入文件名并选择文件格式，如图 3-32 所示，默认保存后缀为.xlsx；

② 若要保存成为 office2003 格式兼容的文件，选择文件格式为"excel97-2003 工作簿"，保存时会提示格式兼容检查，单击"继续"按钮保存，如图 3-33 所示；

图 3-32　保存文件

图 3-33　保存格式检查

③ 单击"页面布局"选项卡→"页面设置"组→"打印区域"，选中要打印的数据区，单击"文件"选项卡→"打印"，进行预览，选择打印机后打印。

三、自测练习

1. 自测练习一

【考查的知识点】文本输入、数值输入、序列填充、公式、函数、单元格格式。

（1）在表 Sheet4 中输入如表 3-5 所示的数据；

表 3-5　　　　　　　　　　　　实验数据 4

编号	品名	单价	销售量	销售金额
	液晶电视机	12150	185	
	数码照相机	6500	103	

续表

编号	品名	单价	销售量	销售金额
	电冰箱	3880	268	
	台式计算机	4888	500	
	音响	8588	88	
	全自动洗衣机	1950	311	
	空调机	3190	458	
总销售额				

（2）增加表标题"风华商场九月份销售统计表"；

（3）填写"编号"栏（01001 到 01007）；

（提示：具体的编号是字符数据，要求用序列填充）

（4）将标题"风华商场九月份销售统计表"的字号改为 18，并斜体加粗；

（5）将表格中的"数码照相机"改为"摄像机"；

（6）用公式求出各商品的销售金额。提示：销售金额=单价*销售量；

（7）将 A10:D10 合并，用公式求出"总销售额"，填入相应表格中；

（提示：总销售额等于各商品销售金额之和，要求用 SUM 函数）

（8）将"单价"和"销售金额"的数据保留 2 位小数，将表格各列设为"最适合的列宽"，将整个表格添上蓝色粗实线的外边框；

（9）统计销售量在 300 台以上的商品个数。

（提示：用 COUNTIF 函数，结果放在 D12 单元格中）

2. 自测练习二

【考查的知识点】图表坐标轴格式、标题及图表美化。

完成图表坐标轴调整及美化，如图 3-34 所示。

（1）增加标题，调整坐标轴；

（2）将折线变成平滑曲线，深绿色，柱图纹为橙色；

（3）更改图表背景，将背景设为橄榄色，淡色 60%。

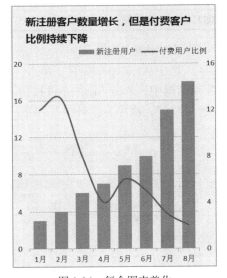

图 3-34　复合图表美化

3.3　Excel 2010 数据处理实验

一、实验目的

（1）掌握 Excel 工作表的管理功能与操作方法；

（2）掌握数据处理的操作方法，并能进行数据的排序、筛选和分类汇总操作；

（3）掌握数据透视表操作。

二、实验内容和操作步骤

1. 数据的排序

① 在工作表 Sheet1 中输入如表 3-6 所示的数据；

表 3-6　实验数据 5

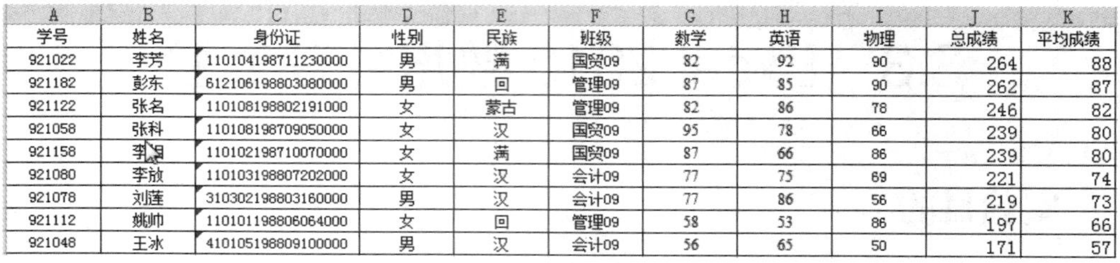

学号	姓名	身份证	性别	民族	班级	数学	英语	物理
0921122	张名	110108198802191122	女	蒙古	管理 09	82	86	78
0921022	李芳	110104198711230012	男	满	国贸 09	82	92	90
0921080	李放	110103198807202322	女	汉	会计 09	77	75	69
0921112	姚帅	110101198806064524	女	回	管理 09	58	53	86
0921182	彭东	612106198803080014	男	回	管理 09	87	85	90
0921048	王冰	410105198809100034	男	汉	会计 09	56	65	50
0921158	李相	110102198710070048	女	满	国贸 09	87	66	86
0921058	张科	110108198709050027	女	汉	国贸 09	95	78	66
0921078	刘莲	310302198803160011	男	汉	会计 09	77	86	56

② 在“物理”的后面加上“总成绩”，“平均成绩”，利用公式或函数计算出总成绩、平均成绩；

③ 选中 A1:K10 数据区，单击“数据”选项卡→“排序和筛选”组→“排序”在弹出的“排序”对话框中，单击“添加条件按钮”，选中主要关键字为“总成绩”，次序为“降序”，次要关键字为“序号”，次序为“升序”，如图 3-35 所示；单击“确定”按钮，排序结果如图 3-36 所示；

图 3-35　排序设置

学号	姓名	身份证	性别	民族	班级	数学	英语	物理	总成绩	平均成绩
921022	李芳	110104198711230000	男	满	国贸09	82	92	90	264	88
921182	彭东	612106198803080000	男	回	管理09	87	85	90	262	87
921122	张名	110108198802191000	女	蒙古	管理09	82	86	78	246	82
921058	张科	110108198709050000	女	汉	国贸09	95	78	66	239	80
921158	李相	110102198710070000	女	满	国贸09	87	66	86	239	80
921080	李放	110103198807202000	女	汉	会计09	77	75	69	221	74
921078	刘莲	310302198803160000	男	汉	会计09	77	86	56	219	73
921112	姚帅	110101198806064000	女	回	管理09	58	53	86	197	66
921048	王冰	410105198809100000	男	汉	会计09	56	65	50	171	57

图 3-36　排序结果

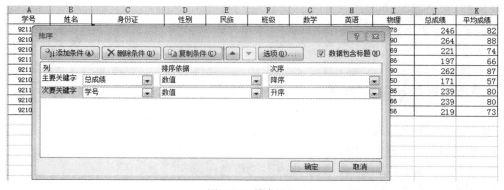

④ 在平均分后面增加"名次"列，并填入名次。

2. 自动筛选

① 单击"数据"选项卡→"排序和筛选"组→"筛选"，单击"性别"右侧的""，在弹出的列表中选中"女"，如图 3-37 所示；单击"确定"按钮，筛选结果如图 3-38 所示；

图 3-37　选择"自动筛选"命令后的示意图

学号	姓名	身份证	性别	民族	班级	数学	英语	物理	总成绩	平均成	名次
0921112	姚帅	110101198806064000	女	回	管理09	87	85	86	258	86	1
0921122	张名	110108198802191000	女	蒙古	管理09	82	92	78	252	84	3
0921058	张科	110108198709050000	女	汉	国贸09	95	78	66	239	80	5
0921158	李相	110102198710070000	女	满	国贸09	87	66	86	239	80	6
0921080	李放	110103198807202000	女	汉	会计09	58	53	69	180	60	8

图 3-38　自动筛选结果

② 单击"数据"选项卡→"排序和筛选"组→"筛选"，即可取消筛选。在 A15 输入平均值，A16 输入最高分，B15 输入公式"=SUBTOTAL（1，K2:K10）"，B16 输入公式"=SUBTOTAL（104，J2:J10）"；

③ 再次进行步骤①，观察筛选后的平均值和总成绩最高分，完成后取消筛选。

3. 高级筛选

数学	英语	物理
<60		
	<60	
		<60

① 在 O1:Q4 数据区输入筛选条件，如图 3-39 所示。同行表示"与"的关系，不同行表示"或"的关系。图 3-39 表示三门课程有一门以上课程不及格的筛选条件；

图 3-39　输入筛选条件的示意图

② 单击数据区，"数据"选项卡→"排序和筛选"组→"高级"，弹出"高级筛选"对话框，选定"条件区域"为 O1:Q4 数据区，如图 3-40 所示。单击"确定"按钮，筛选结果如图 3-41 所示；

③ 更改筛选条件为"数学和英语不及格或者物理不及格"，如图 3-42 所示；重复第②步，观察筛选结果，完成后取消筛选。

图 3-40 "高级筛选"对话框

学号	姓名	身份证	性别	民族	班级	数学	英语	物理	总成绩	平均成绩	名次
0921078	刘莲	310302198803160000	男	汉	会计09	77	86	56	219	73	7
0921080	李放	110103198807202000	女	汉	会计09	58	53	69	180	60	8
0921048	王冰	410105198809100000	男	汉	会计09	56	65	50	171	57	9
平均分	63.333										
最高分	219										

图 3-41 "高级筛选"结果的示意图

4. 分类汇总

① 对数据以班级进行排序，选中 A1:K10 数据区，单击"数据"选项卡→"分级显示"组→"分类汇总"，在弹出的"分类汇总"对话框中，设置"分类字段"为"班级"，"汇总方式"为"平均值"，"选定汇总项"为"数学"、"英语"、"物理"和"平均成绩"，如图 3-43 所示；

数学	英语	物理
<60	<60	
		<60

图 3-42 筛选条件

图 3-43 分类汇总设置

② 单击"确定"按钮，汇总结果如图 3-44 所示。

	A	B	C	D	E	F	G	H	I	J	K	L
1	学号	姓名	身份证	性别	民族	班级	数学	英语	物理	总成绩	平均成绩	名次
2	0921112	姚帅	110101198806064000	女	回	管理09	87	85	86	258	86	1
3	0921182	彭东	612106198803080000	男	回	管理09	82	86	90	258	86	2
4	0921122	张名	110108198802191000	女	蒙古	管理09	82	92	78	252	84	3
5						管理09 平均值	83.667	87.667	84.667		85	
6	0921022	李芳	110104198711230000	男	满	国贸09	77	75	90	242	81	4
7	0921058	张科	110108198709050000	女	汉	国贸09	95	78	66	239	80	5
8	0921158	李相	110102198710070000	女	满	国贸09	87	66	86	239	80	6
9						国贸09 平均值	86.333	73	80.667		80	
10	0921078	刘莲	310302198803160000	男	汉	会计09	77	86	56	219	73	7
11	0921080	李放	110103198807202000	女	汉	会计09	58	53	69	180	60	8
12	0921048	王冰	410105198809100000	男	汉	会计09	56	65	50	171	57	9
13						会计09 平均值	63.667	68	58.333		63	
14						总计平均值	77.889	76.222	74.556		76	
15												

图 3-44 分类汇总结果

5. 数据透视表

① 在工作表中输入如表 3-7 所示的数据;

表 3-7 实验数据6

姓名	部门	学历	性别	工资
申鹏程	市场部	硕士	女	8000
迟小悦	销售部	本科	女	6000
周思源	产品部	大专	男	5000
郑大骏	产品部	高中	女	3500
贺高勇	人力部	本科	男	6000
赵小鑫	财务部	大专	女	5000
李克勤	市场部	硕士	女	8000
于小胖	销售部	本科	女	6000
刘璐璐	产品部	大专	男	5000
孙高泽	产品部	高中	女	3500
安世宁	人力部	硕士	女	8000
吴克勤	财务部	本科	男	6000
李 宇	市场部	大专	男	5000
杨恺瑞	销售部	高中	男	3500
陈 昊	产品部	本科	男	6000
巫锡斌	人力部	大专	男	5000
梁共荣	财务部	硕士	女	8000
梅花花	市场部	本科	男	6000
蒋志丹	销售部	大专	男	5000
邓志龙	产品部	高中	男	3500

② 选中数据区域 A1:E21,单击"插入"选项卡→"表格"组→"数据透视表"→"数据透视表",弹出"创建数据透视表"对话框,如图 3-45 所示;

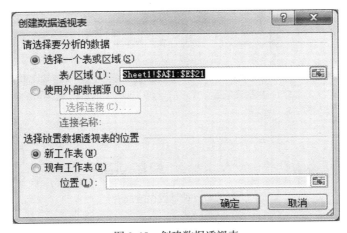

图 3-45　创建数据透视表

③ 完成数据透视表创建后，工作簿中出现新建的工作表"Sheet4"，包括"数据透视表""数据透视表字段列表"信息，如图 3-46 所示；

图 3-46　创建数据透视表后的新工作表

④ 将报表字段通过单击选择及单击拖拽的方式实现字段添加。为统计各部门男女工人人数情况，将"部门"字段添加到"行标签"，"性别"字段拖曳到"列标签"，"姓名"字段拖曳到"数值"（因姓名字段为文本格式，故数值字段按计数项统计；若字段为数字，则自动按求和项统计），如图 3-47 所示；

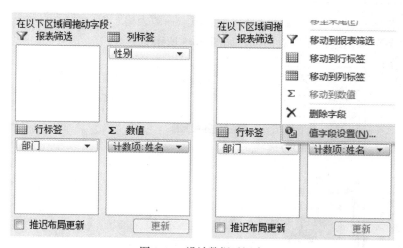

图 3-47　设计数据透视表

⑤ 单击"值字段设置"进行更改，如图 3-48 所示；

⑥ 设置完成后，数据透视表自动生成，如图 3-49 所示，实现部门人数计算。

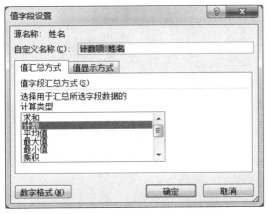

图 3-48　修改数据透视汇总方式

计数项:姓名	列标签		
行标签	男	女	总计
财务部	1	2	3
产品部	4	2	6
人力部	2	1	3
市场部	2	2	4
销售部	2	2	4
总计	11	9	20

图 3-49　数据透视表汇总结果

三、自测练习

1. 自测练习一

【考查的知识点】排序、分类汇总、自动筛选、高级筛选、图表操作及美化。

（注：设数据源为表 3-6 所示的数据，且已增加了总成绩和平均成绩）

① 按"物理"成绩降序排列，如果有"物理"成绩相同的同学，按姓氏笔画进行升序排列；

② 按"性别"进行分类汇总，汇总三门课程的总成绩；

③ 选出平均成绩最高的姓名；

④ 利用"自动筛选"选出性别为"男"的"汉"族同学；

⑤ 利用"高级筛选"选出"数学"和"英语"成绩都超过 80 的同学；

（提示：当筛选条件之间是"与"的关系时，筛选条件要写在同一行上）

⑥ 按"平均成绩"降序排列后，选前 3 名的姓名，数学、英语和物理的成绩创建一个三维柱形图；

2. 自测练习二

【考查的知识点】数据透视表操作。

以表 3-7 为数据，统计部门人数及平均工资，生成图 3-50 所示数据透视表。

行标签	行数项: 姓名	平均值项: 工资
财务部	3	6333.33
产品部	6	4416.6
人力部	3	6333.33
市场部	4	6750
销售部	4	5125
总计	20	5600

图 3-50　数据透视表结果

3.4　Excel 综合练习

一、题目

要求：任选其中一个题目或自拟题目。

题目一：学生成绩分析。

题目二：商品销售统计报告。

题目三：个人消费财务统计。

二、练习内容和要求

① 数据内容不少于 100 行，列数不少于 10 列；

② 数据类型最少包括数值、文本、日期三种；

③ 要求对表头、表格式进行美化；

④ 至少两种类型的图表；

⑤ 公式和函数要求至少有 SUM、SUMIF、COUNT、COUNTIF、IF、MAX、AVERAGE、MIN；使用 VLOOKUP 提供查询功能，提供筛选结果；

⑥ 提供数据透视表（可选做）；

⑦ 采用 2 张工作表以上，每张工作表需要进行命名；

⑧ 文档用 A4 纸打印。

第4章
PowerPoint 2010 的使用

4.1　PowerPoint 2010 功能简介

PowerPoint 是 Office 套装软件之一，其主要功能是制作和播放演示文稿。使用它可以制作集文字、图片、声音和视频等多媒体元素于一体的演示文稿，把要表达的信息组织在一组图文并茂的文稿中，目前已广泛用于介绍公司的产品、项目计划和教学等各种工作中。

PowerPoint 2010 为目前的最新版本，该版本在以往版本的基础上，在视频剪辑和图像处理等功能上做了较大改进，可使您的演示文稿更具感染力。

（1）在 PowerPoint 中嵌入和编辑视频

在 PowerPoint 2010 中可以添加淡化、格式效果并剪裁视频，为演示文稿增添专业的多媒体体验。此外，由于嵌入的视频会变为 PowerPoint 演示文稿的一部分，因此您无需在与他人共享的过程中管理其他文件。

（2）图片编辑工具更加强大

使用新增和改进的图片编辑工具（包括通用的艺术效果、高级更正、颜色、裁剪工具、颜色饱和度、色温、亮度、对比度、高级剪裁工具以及艺术过滤器，如虚化、画笔和水印等）可以微调您的演示文稿中的各个图片，可以使您的图像产生引人注目并且赏心悦目的视觉效果。

（3）即时显示和播放

通过发送 URL 广播 PowerPoint 2010 演示文稿，以便人们可以在 Web 上查看演示文稿。即使访问者没有安装 PowerPoint，也可以看到高保真幻灯片。还可以将演示文稿转换为带有旁白的高质量视频，以便通过电子邮件、Web 或 DVD 与任何人共享。

（4）高质量的布局工具

使用者不必是设计专家也能创建专业的图形。使用大量附加 SmartArt 布局可以创建多种类型的图形，如组织结构图、列表和图片图表，可以将字词转换为令人难忘的视觉图形，以更好地阐释创意。创建图表与键入项目符号列表一样简单，并且只需几次单击即可将文本和图像转换为图表。

（5）用新增的切换和改进的动画吸引访问群体

PowerPoint 2010 提供了全新的动态幻灯片切换和动画效果，看起来与在电视上看到的画面相似。可以轻松访问、预览、应用、自定义和替换动画。还可以使用新增动画刷轻松地将动画从一个对象复制到另一个对象。

本章将介绍 PowerPoint 2010 的基本操作，通过一系列的实验，引领读者进入 PowerPoint 2010 的精彩世界。

4.2　PowerPoint 2010 窗口的基本组成

单击"开始"→"所有程序"→"Microsoft Office"→"Microsoft PowerPoint 2010"命令，即可启动 PowerPoint 2010。启动后的主界面如图 4-1 所示。

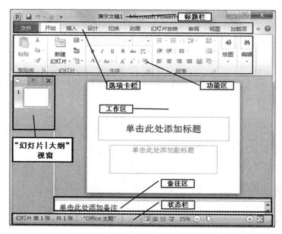

图 4-1　PowerPoint 2010 工作界面

主界面中主要包含以下元素。

标题栏：显示正在编辑的演示文稿名。

选项卡栏：位于标题栏之下，包括多个选项卡项，如"开始"、"插入"、"设计"等，通过这些选项卡项将 PowerPoint 2010 的功能整合在一起，方便用户操作。

功能区：单击某一个选项卡项，将显示该选项卡项所对应的的功能，这些功能显示在选项卡栏的下方，这个区域称之为功能区。

"幻灯片|大纲"视窗：单击该区域上方的"幻灯片"按钮将在该区域显示正在编辑的演示文稿的幻灯片缩略图。单击该区域上方的"大纲"按钮将在该区域显示正在编辑的演示文稿的幻灯片大纲图。

工作区：该区域显示正在编辑的幻灯片。

备注区：显示正在编辑的幻灯片对应的备注。

状态栏：显示正在编辑的演示文稿的状态信息等。

4.3　简单演示文稿制作实验

一、实验目的

（1）熟悉 PowerPoint 2010 的工作环境；

（2）演示文稿基本操作：新建、保存、打开和关闭 PPTX 文件；

（3）幻灯片基本操作：新建、复制、移动和删除幻灯片；

（4）超链接的使用；

（5）应用主题。

二、实验内容和步骤

1. 启动 PowerPoint 2010

步骤：在桌面上单击"开始"→"所有程序"→"Microsoft Office"→"Microsoft PowerPoint 2010"，打开 PowerPoint 2010 工作环境，如图 4-1 所示。

注意观察界面中的不同操作区。

此时，工作界面中已经产生了一个新建的 PPTX 演示文稿。

2. 编辑第一张幻灯片

在工作区标题栏中输入"常用工具软件"，在副标题栏输入"北京科技大学"，完成第一张幻灯片的编辑。

3. 创建新幻灯片

步骤：单击"开始"选项卡→"新建幻灯片"，如图 4-2 所示。

在工作区标题栏中输入"360 安全卫士"，在标题栏下的占位符中输入如下内容：

● 电子体检

● 清理插件

● 修复漏洞

● 清理垃圾

● 杀毒

● 清理痕迹

● 系统修复

图 4-2　新建幻灯片

4. 幻灯片的复制

步骤：在"幻灯片|大纲"视窗中右键单击第二张幻灯片→"复制"；再次单击右键→在"粘贴选项"单击"保留原格式"按钮；再次单击右键→"粘贴选项"→"保留原格式"按钮。这样就复制产生了第 3、4 张幻灯片。

5. 在"幻灯片|大纲"视窗中左键单击第三张幻灯片，在"工作区"标题栏中输入"常用工具软件"，在下方的占位符中输入如下内容

● 360 安全卫士

● 压缩软件 WinRAR

● 网络工具软件 FlashGet

● 图像处理软件 PhotoShop

● 文档阅读软件 Adobe Reader

6. 幻灯片的移动

步骤：在"幻灯片|大纲"视窗中左键单击第三张幻灯片，左键按住不放，鼠标向上拖动，将第三张幻灯片拖至第二张幻灯片之前，放开左键。

7. 幻灯片的删除

步骤：在"幻灯片|大纲"视窗中右键单击第四张幻灯片→单击"删除幻灯片"按钮。

8. 重复步骤 3，新建幻灯片

在工作区标题栏中输入"图像处理软件 Photoshop"，在下方的占位符中输入如下内容：

● 软件简介
● PhotoShop 开发背景
● 工作界面
● 功能介绍
● 使用技巧

9. 超链接的使用

步骤：在"幻灯片|大纲"视窗中左键单击第二张幻灯片，在工作区中选中文字"360 安全卫士"，单击右键，在弹出的下拉菜单中选择"超链接"选项，弹出如图 4-3 所示对话框。

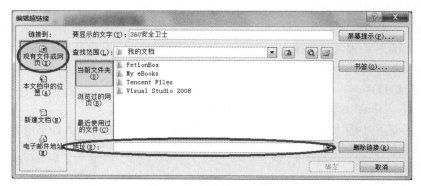

图 4-3　超链接设置对话框

在地址栏填写：www.360.cn，单击"确定"按钮，则在幻灯片播放时单击文字"360 安全卫士"，将自动链接到 360 官方网站。

在工作区中选中文字"图像处理软件"，单击右键→"超链接"按钮→"本文档中的位置"按钮，如图 4-4 所示，在弹出的对话框中单击"4 图像处理软件 Photoshop"，单击"确定"按钮。则在幻灯片播放时单击文字"图像处理软件 Photoshop"，将直接跳转到第 4 张幻灯片。

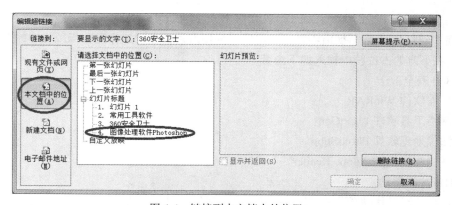

图 4-4　链接到本文档中的位置

10. 应用主题

步骤：单击"设计"选项卡→"主题"组中的"波形"选项，结果如图 4-5 所示。

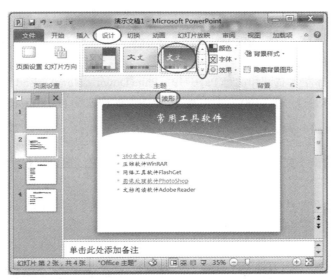

图 4-5　主题应用

当光标移动到某个主题时，主题名称会自动显示在光标下方。单击"主题"组右侧小三角图标可以翻阅所有主题。

11. 演示文稿的保存

步骤：单击"文件"选项卡→"保存"按钮，弹出如图 4-6 所示对话框。

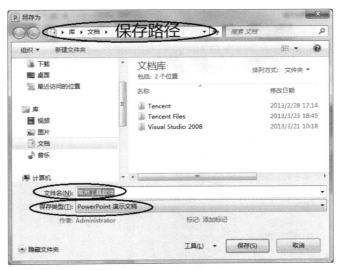

图 4-6　文件保存对话框

输入文件名：常用工具软件，亦可以自己随意取名。

保存类型选择：PowerPoint 演示文稿。如果希望建立的演示文稿能够在低于 2010 版本中打开，保存类型选择："PowerPoint 97-2003 演示文稿"即可。

文件的保存路径在上方设定，如图 4-6 所示。

12. 播放演示文稿

步骤：单击"幻灯片放映"选项卡，在功能区中显示了各种不同的播放方式，单击"从头开始"按钮，开始播放演示文稿。

演示中可通过鼠标左、右键和键盘 Page UP、Page Down、Home、End 键控制播放。

尝试单击第二张幻灯片的"360 安全卫士"、"图像处理软件 Photoshop"观察结果。

三、自测练习

【考查的知识点】演示文稿新建、保存、打开和关闭；新建、复制、移动和删除幻灯片；超链接的使用；应用主题。

【自测内容】以"PowerPoint 2003 演示文稿制作软件"为题，制作演示文稿，介绍 PowerPoint 2003 的使用方法和技巧。也可自选其他软件介绍。

4.4 "九寨沟风景区介绍"演示文稿的制作实验

一、实验目的

（1）掌握文本、图像、声音、视频等在幻灯片中的应用；
（2）掌握幻灯片元素动态效果的设置；
（3）掌握幻灯片放映动态效果的设置。

二、实验内容和步骤

1. 新建演示文稿

步骤：启动 PowerPoint 2010，依次单击"文件"选项卡→"新建"按钮→"空白演示文稿"按钮→"创建"按钮，如图 4-7 所示，建立一个新的演示文稿。在工作区标题栏中输入"九寨沟风景区介绍"。

图 4-7　新建空白演示文稿

2. 文本格式的设置

步骤：选中文本"九寨沟风景区介绍"，在"开始"选项卡下的"字体"组设置标题字体为"华文新魏"，60 号，如图 4-8 所示。

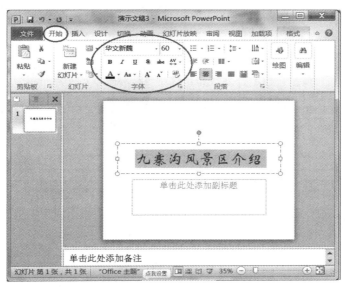

图 4-8　文字格式设置

PowerPoint 中在字体组对字体进行设置和 Word 中对字体的设置类似，此后不再重复叙述。

3. 新建幻灯片"天鹅海"

新建一张幻灯片，在标题栏中输入"天鹅海"，字体设置为"华文新魏"，44 号。在标题栏下的占位符中输入内容：天鹅海与芳草海的下游相连，广阔的湖面大部分已淤积成浅滩，为半沼泽湖泊。浅滩上绿草如茵，一道清流在绿茵中蜿蜒流过，滋养着这一方水草。字体设置为"隶书"，24 号。

4. 调整占位符的大小

步骤：鼠标左键单击占位符中的文字，移动鼠标，使光标定位在占位符边框上的标记处，此时光标将变成"双箭头"短线，按住鼠标左键拖动鼠标，即可调整占位符大小。最终调整占位符大小，如图 4-9 工作区左上方文本所示。

PowerPoint 2010 中，占位符、图像、文本框等对象的大小，位置调整均类似。

5. 插入图片

步骤：单击"插入"选项卡→单击"图像"组中的"图片"（见图 4-9），弹出文件浏览对话框→在该对话框中浏览选择实验给定的图片"天鹅海"→ 单击"插入"按钮，将图片插入幻灯片中。调整图片位置和大小，如图 4-9 所示。

图 4-9　插入文本框、图片

6. 插入文本框

步骤：单击"插入"选项卡→左键单击"文本"组中的"文本框"按钮（见图 4-9）→移动光标至需要插入文本框的位置，单击左键，即出现一个文本框→ 在文本框中输入以下内容：天鹅海静静地躺卧在山谷里，空灵静寂，水草肥美，故得生性孤高的天鹅钟爱，常常在这里栖息繁殖。天鹅来时，常在湖面悠然自得，缓缓游动，因此这个海子就被称为天鹅海。设置字体为"华文新魏"，20 号，并调整文本框位置和大小，最终结果如图 4-9 所示。

7. 新建幻灯片"熊猫海"

新建一张幻灯片，在标题栏中输入"熊猫海"，字体设置为"华文新魏"，44 号。在标题栏下的占位符中输入内容：熊猫海海拔 2587 米，深 14 米，在箭竹海下坡不远处。大熊猫被视为吉祥之物，深得九寨沟藏民的喜爱。据说九寨沟的大熊猫最喜欢来这里游荡、喝水、觅食，因此这一片海子被叫做能猫海。字体设置为"华文楷体"，22 号。并调整占位符大小，如图 4-10 左上方文本所示。

将给定图片"熊猫海"插入本张幻灯片中，并调整位置大小，如图 4-10 所示。

在幻灯片下方插入文本框，输入内容：冬季到来，处于高海拔处的箭竹海一汪湖水仍波光粼粼，充满生气，而处于低海拔的熊猫海却冰肌玉骨，冰凌镶嵌了。这奇特的景观又给充满着无数个谜的九寨沟留下了一个令人费解的迷。设置字体为"华文楷体"，10 号，并调整文本框位置和大小，最终结果如图 4-10 所示。

8. 文本框格式设置

步骤：通过左键单击选中下方文本框，单击右键，在弹出的快捷菜单中单击"设置形状格式"按钮→在弹出的图 4-11 所示对话框中左键单击"填充"按钮→选择"渐变填充"→预设颜色选择"薄雾浓云"→类型选择"路径"→其他采用图 4-11 所示默认值，最终结果如图 4-10 所示。

提示

在 Power Point 2010 中，占位符的格式设置与文本框格式设置类似。

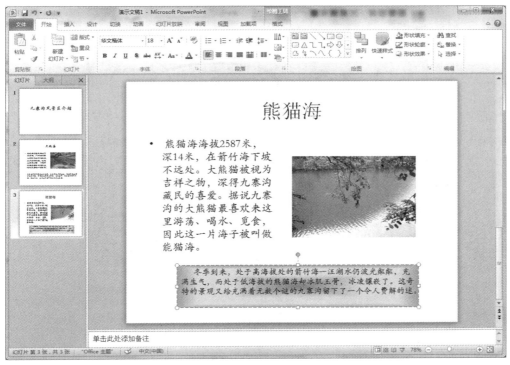

图 4-10　幻灯片"熊猫海"

图 4-11　文本框格式设置对话框

9. 动画效果的设置

步骤：在"幻灯片|大纲"视窗中左键单击第二张幻灯片→在工作区中选中标题"天鹅海"→单击"动画"选项卡，如图 4-12 所示，在"高级动画"组中单击"添加动画"→在弹出的界面"进入"动画中选择单击"弹跳"→在"计时"组设置"单击时"开始，持续时间：1.25。

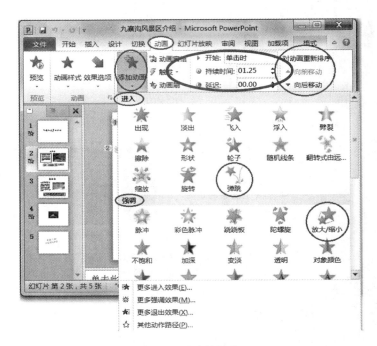

图 4-12　动态效果设置

类似地为左上占位符设置动画效果，在"动画"组中选择"轮子"，在"计时"组设置"单击时"开始，持续时间：2.00。

为下方文本框设置动画效果，在"动画"组中选择"浮入"，在"计时"组设置"单击时"开始，持续时间：1.50。

为图片设置动画效果，在"动画"组中选择"随机线条"，在"计时"组设置"单击时"开始，持续时间：1.00。

10．增加"强调"动态效果

步骤：单击选中图片，在"高级动画"组中单击"添加动画"→在弹出的界面"强调"动画中选择"放大/缩小"，如图 4-12 所示。单击下方"状态栏"中的"幻灯片放映"按钮，放映本张幻灯片。

11．调整动态效果播放次序

步骤：单击选中幻灯片下方文本框→"动画"选项卡→功能区最右侧"向后移动"→再次单击"向后移动"，如图 4-12 所示。这样就将文本框的动态出现移动到图片动画效果之后。单击下方"状态栏"中的"幻灯片放映"按钮，放映本张幻灯片。

类似的为第三张幻灯片添加动态效果。

12．音频的插入和设置

步骤：在"幻灯片|大纲"视窗中左键单击第一张幻灯片→"插入"选项卡→"媒体"组中的"音频"按钮→"文件中的音频"按钮，如图 4-13 所示→在弹出的文件选择对话框中选择给定的音频文件"神奇的九寨"。

播放本张幻灯片，单击"音频图标"即可播放音频。

图 4-13　音频的插入

13. 音频图像效果的设置

步骤：在工作区中单击音频图标选中音频对象→"格式"选项卡→"图片样式"组中的"图片效果"按钮→选择"发光"选项→选择任一发光变体，如图 4-14 所示。观看效果。

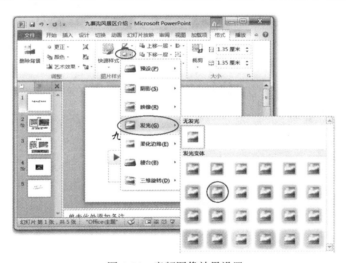

图 4-14　音频图像效果设置

14. 控制音频的播放

步骤：在工作区中单击音频图标选中音频对象→"播放"选项卡，如图 4-15 所示。

设置音频可以跨幻灯片播放：在"开始"选项中的列表中选择"跨幻灯片播放"。

设置音频循环播放：将"循环播放，直到停止"项选中，即可实现音频播放完成后自动重新播放功能。

设置音频音量：单击"音量"→"高"按钮，设置高音量播放。

播放时隐藏音频图标：将"放映时隐藏"项选中，即可在播放时隐藏图标。

上述设置完成后，单击下方"状态栏"中的"幻灯片放映"按钮，放映幻灯片，观看设置后的效果。

图 4-15 音频播放设置

15. 视频的插入和设置

在第 3 张幻灯片后新建一张幻灯片。在第 4 张幻灯片中插入视频文件。

步骤：在"幻灯片|大纲"视窗中左键单击第 4 张幻灯片→"插入"选项卡→在"媒体"组中单击"视频"，如图 4-16 所示→"文件中的视频"→在弹出的文件选择对话框中选择给定的视频文件"九寨沟美景"。

图 4-16 视频的插入

播放本张幻灯片，单击视频，即可开始播放。

16. 视频播放控制

步骤：在幻灯片工作区单击选中视频对象，再选择"播放"选项卡，如图 4-17 所示。设置视频开始播放：在"开始"选项中的列表中选择"单击时"。

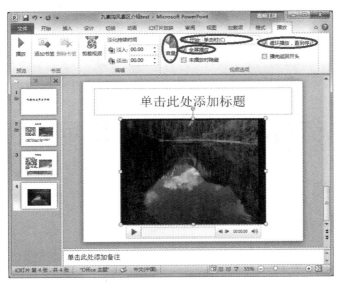

图 4-17 视频的播放设置

设置视频循环播放：将"循环播放，直到停止"项选中，即可实现音频播放完成后自动重新播放功能。

设置视频播放时的音量：单击"音量"→"高"按钮，设置高音量播放。

设置全屏播放：将"全屏播放"项选中，即可实现全屏播放。

上述设置完成后，单击下方"状态栏"中的"幻灯片放映"按钮，放映幻灯片，观看设置后的效果。

17．插入艺术字

在第 4 张幻灯片后新建一张幻灯片。在第 5 张幻灯片中插入艺术字。

步骤：在"幻灯片|大纲"视窗中左键单击第 5 张幻灯片→"插入"选项卡→在"文本"组中单击"艺术字"→单击任意一种艺术字体，如图 4-18 所示→在艺术字输入框中输入"谢谢大家！欢迎到九寨沟！"。

图 4-18 插入艺术字

三、自测练习

【考查的知识点】要求应用文字、图片、声音、视频、动态效果设置等功能。

【自测内容】以"多彩贵州"为题，制作演示文稿。题目也可自选。

4.5 录入旁白、排练计时、演示文稿打包实验

一、实验目的

（1）为幻灯片插入旁白；

（2）排练计时；

（3）演示文稿打包、输出。

二、实验内容和步骤

1. 为幻灯片录入旁白

 要录入旁白，首先要做的准备工作就是将话筒连接到你的电脑上，并且做好相关的设置。

步骤：打开实验二中建立的演示文稿，在"幻灯片|大纲"视窗中左键单击第2张幻灯片，再单击"幻灯片放映"选项卡，在"设置"组中单击"录制幻灯片演示"，再选中"从当前幻灯片开始录制"，如图4-19所示。在弹出的图4-20所示的"录制幻灯片演示"对话框中选中"旁白和激光笔"选项，再单击"开始录制"按钮，开始播放本张幻灯片，现在可以开始从话筒录制旁白，旁白录入完成时，按"ESC"键返回幻灯片浏览视图，即可完成旁白的录入。

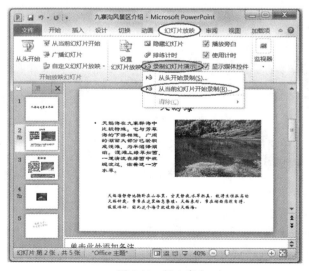

图4-19　插入旁白

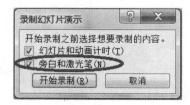

图4-20　"录制幻灯片演示"对话框

2.　排练计时

通过排练计时可以对幻灯片的放映了然于胸。真正放映时就可以做到从容不迫。

步骤：如图 4-21 所示，单击"幻灯片放映"选项卡，在"设置"组中单击"排练计时"即可。此时开始排练计时，如图 4-22 所示，图中第一个时间为单张幻灯片放映计时时间，第二个时间为总的放映时间。

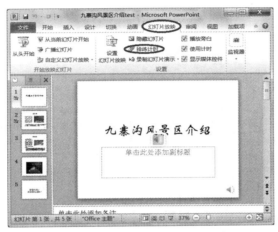

图 4-21　"录制幻灯片演示"对话框

当放映结束时，将弹出图 4-23 所示的对话框，单击"是"按钮即可保存排练计时。

图 4-22　"放映计时"对话框　　　　　图 4-23　"放映计时"结束对话框

3.　演示文稿打包

此处学习如何将演示文稿和相关的链接文件打包，然后可在其他计算机上进行放映和修改。

步骤：单击"文件"选项卡→"保存并发送"→"将演示文稿打包成 CD"→"打包成 CD"，如图 4-24 所示→ 在弹出的 "打包成 CD"对话框中设置 CD 名为"九寨沟介绍"，如图 4-25 所示。

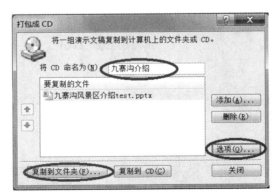

图 4-24　演示文稿打包　　　　　　　图 4-25　演示文稿打包文件名设置

再单击"选项"按钮，在弹出的"选项"对话框中选中"链接的文件"选项，可将演示文稿相关文件包含在打包文件中，如图 4-26 所示。此处亦可设置文件打开和修改权限的密码→单击"确定"按钮，回到"打包成 CD"对话框，如图 4-25 所示。

单击"复制到文件夹"按钮，在弹出的"复制到文件夹"对话框中单击"浏览"按钮，设置文件保存路径，此例中选择 D 盘根目录存放，如图 4-27 所示，单击"确定"按钮即可将演示文稿和相关链接文件打包到文件夹中。

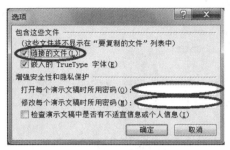

图 4-26　演示文稿打包选项设置　　　　　图 4-27　演示文稿打包保存路径设置

在图 4-25 中，亦可通过单击"复制到 CD"按钮将演示文稿和相关链接文件直接刻录到光盘上。

4. 将演示文稿输出为自动放映文件

和演示文稿打包不同，自动放映文件为一个独立文件，并且只可放映不可修改。

步骤：单击"文件"选项卡，再单击"保存并发送"，如图 4-24 所示。再如图 4-28 所示，依次单击"更改文件类型"，"PowerPoint 放映"，"另存为"，然后在弹出的"另存为"对话框中设置文件名和保存路径，即可保存一个幻灯片放映文件，该文件后缀名为 PPSX。放映该放映文件，观看效果。

图 4-28　演示文稿输出

三、自测练习

【考查的知识点】为幻灯片插入旁白，演示文稿打包、输出。

【自测内容】为实验二中制作的演示文稿录制旁白，并将其打包成一个文件夹或输出为放映文件。

4.6　PowerPoint 综合练习

一、题目

注：任选其中一个题目或自选题目

题目一：我们的学校

题目二：我最喜欢的老师/ 歌手/体育明星……

二、练习要求

（1）建立演示文稿，并输入文档内容，主题从上述 2 个题目中选择

① 演示文稿中的幻灯片不少于 10 页。

② 文档内容不能雷同。

（2）进行文档格式设置

① 幻灯片版面设置和应用设计模板，要求符合主题内容。

② 设置字符格式，例如设置字体、字型、字号、颜色、下划线、加边框和底纹等。

（3）建立链接

① 必须有一个目录页，通过目录项可以链接到指定页。

② 设置动作按钮，从指定页可以返回到目录页。

③ 要求必须有文字、图片等元素分别链接到 Office 应用程序、Web 网页或电子信箱。

（4）进行动画效果的设计

① 实现幻灯片切换的动画效果。

② 按照幻灯片的内容，对文字或图片进行顺序显示。

③ 添加声音的效果，突出演示文稿的相关内容。

（5）进行其他文档操作

要求从以下功能中至少任选两项：

① 插入项目符号和编号。

② 插入表格，并进行格式设置，表格要有标题。

③ 插入图片或绘制图形。

④ 插入艺术字，并设置动画效果。

⑤ 为幻灯片录入旁白。

（6）将幻灯片打包

第5章
计算机网络的基本应用

5.1 WWW 应用与信息检索实验

一、实验目的

（1）理解 URL 的概念，掌握 IE 浏览器窗口操作和进行信息浏览查询的基本方法；

（2）了解搜索引擎的使用方法，实现特定内容的检索；

（3）了解常用学术资源和文献数据库，能够利用关键字检索科技文章。

二、实验内容和操作步骤

1. 浏览器 IE 的设置

（1）启动 IE 浏览器

熟悉 IE 浏览器的窗口，包括：

① 观察 IE 浏览器的标题栏、菜单栏、工具栏、IE 连接图标、URL 地址栏、网页显示区及状态栏，熟悉 IE 浏览器的窗口界面。

② 单击窗口各菜单项，观察状态栏的说明信息，了解菜单项的基本作用。

（2）IE 浏览器的常用设置

① 单击"工具"图标 ⚙ 的"Internet 选项"命令，弹出 "Internet 选项"对话框，如图 5-1 所示，单击"常规"、"连接"、"程序"等选项卡，了解它们的作用。

② 设置 IE 的主页为常用的搜索引擎网页，如 www.baidu.com。方法是：更改"常规"选项卡"主页"框中的"地址"项为"www.baidu.com"。

③ 设置站点访问的安全级别，如禁止"对没有标记为安全的 ActiveX 控件进行初始化和脚本运行"。方法是：在"安全"选项卡中指定设置"Internet"项的安全，然后单击"自定义级别"按钮，在弹出对话框中找到设置项，并选择"禁用"，如图 5-2 所示。

④ 更改字体和背景色。方法是：在"常规"选项卡中单击"字体"，从"Web 页字体"和"纯文本字体"列表框中选择所需的字体，如"楷体"。

⑤ 关闭图形以加快所有 Web 页的显示速度。方法是：单击"高级"选项卡，在"设置"列表框的"多媒体"区域中取消"显示图片"、"播放动画"、"播放视频"和"播放声音"等全部或部分复选框（如果设置之后当前页上的图片仍然可见，可单击"查看"菜单的"刷新"命令，以

隐藏此图片）。

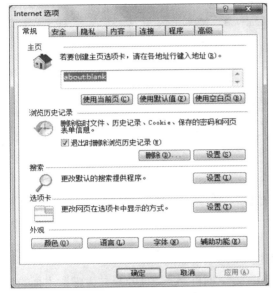

图 5-1　Internet 选项

图 5-2　设置站点的安全级别

⑥ 改变 IE 临时文件的大小。方法是：在"常规"选项卡的"浏览历史记录"下方，单击"设置"按钮，在"Internet 临时文件和历史记录设置"对话框中的"要使用的磁盘空间"右方，输入 Internet 临时文件夹使用的磁盘空间大小，或使用微调按钮来增减框中的数值。

- IE 临时文件是使用 IE 上网浏览时，网页中的内容在硬盘上保存的一个副本，此后再次浏览相同网站时，系统就会自动将事先保存的副本与 Internet 上的网页进行对照，若内容没有发生变化就直接打开保存在硬盘上的副本，从而加快了浏览速度。

- IE 默认将临时文件保存在系统盘的\Documents and Settings\Administrator\Local Settings\Temporary Internet Files 文件夹中。可通过"Internet 临时文件和历史记录设置"对话框中的"移动文件夹"按钮进行设置。

- 设置代理服务器。通常学校局域网只能浏览教育网中的内容；如果想浏览更多的 Internet 信息，可以通过设置代理服务器实现。操作步骤是：

① 在"Internet 选项"对话框的"连接"选项卡中单击"局域网设置"按钮，弹出"局域网（LAN）设置"对话框；

② 设置使用代理服务器，以及代理服务器的 IP 地址和端口号（通常端口为 80 或 8080），同时选择"跳过本地地址的代理服务器"，如图 5-3 所示。

- 为保证能够正常访问校内资源，应单击"高级"按钮，系统会弹出"代理服务器设置"对话框，在"对于以下列开头的地址不使用代理服务器"中设置本校的校园网主机的网络号即可，如 202.204.*.*。

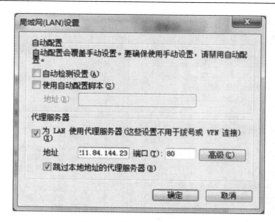

图 5-3　设置代理服务器

2. 使用 Internet Explore 漫游 Web

（1）信息浏览与信息检索（注意"前进"、"后退"等命令按钮的使用）

① 在地址栏中输入：www.ustb.edu.cn，按下 Enter 键，即可浏览"北京科技大学"主页的各项内容。请查看不同院、系的基本情况、师资情况、设备情况等；了解学校的招生、考试等有关信息。

② 在地址栏中输入"202.112.0.36"（中国教育科研网控制中心的 IP 地址），查看网页信息。在工具栏上单击"后退" 或"前进" 按钮，显示曾经访问过的上一网页或下一网页；单击"刷新"按钮 重读数据更新网页；单击"主页"按钮 显示 IE 的默认网页；单击"停止"按钮 则可终止当前网页的数据传输。

③ 搜索所需要的信息，并做为常用网站保存到收藏夹下。步骤如下：单击工具栏的"搜索"按钮 ，查询搜索与"大学计算机基础"有关的信息；定位查询出的某个网站，并单击"收藏夹"按钮 ，选择"添加到收藏夹"命令，在弹出的对话框中为网站起个名字"大学计算机基础学习网站 1"，然后单击"添加"按钮，系统会将网站保存到收藏夹的根目录下；按照上述步骤收藏另一个同类网站，名字为"大学计算机基础学习网站 2"。

④ 通过某些综合网站（如新浪、搜狐、263、163 等）的文化教育类，查看国内高等教育情况，并比较哪一个网站查找较方便，是否均能进入北京大学、清华大学、北京科技大学的主页。

⑤ 浏览各综合网站，查看当日新闻、往日新闻，并比较哪一个网站的新闻栏目内容丰富，实效性和可读性较好，是否均能查看北京晚报、上海新民晚报的当日新闻。

⑥ 从各综合网站进行关键词检索，查找网络中"免费软件"站点，下载一个工具类免费软件，如果是压缩格式的文件，将其解压。

⑦ 进行各综合网站分类后的关键词检索，查找医疗卫生类中有关"结核病"方面的新闻信息。

（2）网页信息的保存

指定域名为 www.ustb.edu.cn，显示"北京科技大学"的主页，进行如下操作：

① 保存当前网页。找到并转向"校友会"页面，将该页面分别存储为网页文件"test.htm"和文本文件"test.txt"。方法是：单击"工具"按钮 ，选择"文件"菜单中的"另存为"命令。然后通过"浏览器"和"记事本"程序验证所保存的文件。

② 保存当前网页中的图片。找到并转向"学生工作"页面，将"北京共青团"图片分别存储

为图片文件"bjgqt.gif"和"bjgqt.bmp"。方法是：选中图片后单击右键，在快捷菜单中选择"图片另存为…"命令。然后通过"浏览器"和"画图"程序查看所保存的文件。

③ 保存当前网页中部分文本信息。将要闻在线的内容复制到文本文件 English.txt 中，通过记事本查看存放的信息。

（3）使用收藏夹收藏网站

操作步骤如下：

① 利用搜索引擎查询与"NBA"有关的信息。

② 登陆到查询出的某个相关网站后，单击"收藏夹"按钮☆→"添加到收藏夹…"命令，在弹出的"添加到收藏夹"对话框的名称框中输入"NBA 网站"。

③ 单击对话框的"新建文件夹"按钮；在"新建文件夹"对话框中输入文件夹名为"娱乐"；单击"添加"按钮，将名为"NBA 网站"的网页收藏到"娱乐"文件夹。

（4）将常用的网站分类收藏

例如分为娱乐、计算机学习、英语学习类等，并将网站整理到不同的分类文件夹下。操作步骤如下：

① 单击"收藏夹"按钮☆，从"添加到收藏夹"的下拉选项中选择"整理收藏夹"命令，在"整理收藏夹"的对话框中单击"新建文件夹（N）"按钮，这样就会在对话框的列表栏区出现一个"新建文件夹"，将其命名为"计算机学习"。

② 将之前收藏的"大学计算机基础学习网站 1"整理到"计算机学习"文件夹下。方法是：在"整理文件夹"对话框中，选中指定项，用鼠标拖动到目标文件夹"计算机学习"，松开鼠标即可。

③ 将之前收藏的"大学计算机基础学习网站 2"删除。方法是：在整理文件夹对话框中，选中指定项，按 Delete 键。

3. 信息检索

（1）利用搜索引擎检索指定主题的内容

操作步骤如下：

打开百度搜索引擎（www.baidu.com），在搜索输入框中输入关键词"中国 J-10 战斗机"和"美国 F-16 战斗机"，下载两种战斗机的图片，并找出两种战斗机的比较，复制粘贴为 Word 文件，文件名为"战斗机的比较.doc"。

（2）利用文献数据库检索文献

电子期刊检索。检索关于下列内容（任选一个）的学术论文，并将其中一篇下载到本地计算机中，文件名为"电子期刊检索.doc"。

① 计算机网络发展简史。

② 常用的 Internet 服务。

③ 你所喜欢的体育明星。

④ 如何欣赏古典音乐。

⑤ 自选题目。

请用中国知网和美国工程索引（EI）数据库查询相关学术论文。

⑥ 中国知网 CNKI 查询学术论文。

启动浏览器，在其地址栏输入 http://www.cnki.net，进入中国知网主页。在"CNKI 知识搜索引擎"中设置检索条件和查询范围。若需要进行更复杂的查询，可单击 CNKI 检索界面的"高级检索"，如图 5-4 所示。其中，由用户输入检索关键词，"高级检索"区域中的其余项可以使用默认值，也可以由用户根据检索信息酌情设置。例如，以自选题目"物联网"为例，检索相关论文。在"检索词"文本框中输入"物联网"；检索时间设定在 2004—2012 年、检索记录按其与检索词的相关度排列；其余使用默认值。在 CNKI 检索界面的"检索导航"区域选择查询范围。例如，根据检索词"物联网"，从文献分类目录中只选择"工程科技 II 辑"和"信息科技"，如图 5-5 所示。

图 5-4　中国知网主页　　　　　　　　　　　　　　　　　　图 5-5　文献分类目录

⑦ 美国工程索引（EI）数据库。

Ei（The Engineering Index，美国工程索引）是工程技术领域的综合性检索工具，由美国工程信息中心编辑出版，它把工程索引（Engineering Index）和工程会议（Engineering Meetings）综合在一起，囊括世界范围内工程的各个分支学科。数据库资料取自 5000 多种期刊、技术报告、会议论文和会议录，收录的每篇文献都包括书目信息和一个简短的文摘。具体操作步骤如下：

● 　进入检索界面。若你的学校已经购买 EI 数据库，在 IE 浏览器的地址栏中输入 EI 数据库的 URL "http://www.engineeringvillage.org/"，即可以打开如图 5-6 所示的 EI 数据库检索界面。

● 　EI 快速检索。在 EI 检索页面中，默认情况下为"Quick Search"；"SEARCH FOR"区用于输入检索的关键词，"SEARCH IN"区用于限定检索的关键词，"LIMIT To"区用于限定检索的范围。例如，在"SEARCH FOR"区中分别输入关键词"Network"和"Modeling"，两个关键词之间的连接条件选择"AND"，每个关键词在"SEARCH IN"区中限定为"Title"，在"LIMIT To"区中设置检索的年限为"2001"到"2012"。单击"Search"按钮，将返回符合条件的记录。

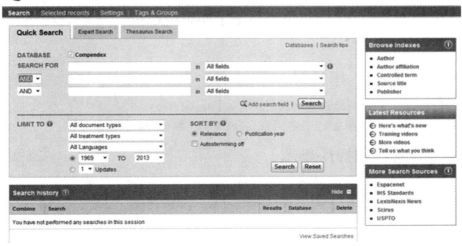

图 5-6　Ei 数据库检索界面

三、自测练习

【考查的知识点】IE 浏览器的基本操作，如收藏夹的使用、Web 浏览、信息获取等。信息检索的基本操作。

【练习步骤】

（1）IE 浏览器的操作

① 阅读 http://www.cnnic.net.cn 站点的内容，对 Internet 在中国的应用有一个整体的了解。

② 访问其推荐的站点，将你喜欢的站点放入"收藏夹"，分类管理收藏夹，设置"音乐"、"影视"、"购物"、"新闻"等文件夹收藏站点。

（2）信息检索的操作

① 利用熟悉的搜索引擎如谷歌，在搜索收入框中输入关键词"机器人"和"北京科技大学"，下载相关图片，并找出北京科技大学近年来在机器人竞赛中取得的成果，复制粘贴到 Word 文件，文件名为"北京科技大学机器人竞赛成果.doc"。

② 信息检索。检索下列内容（任选一个），并选择一篇下载到本地计算机，文件名为"信息检索.doc"。

● 北京科技大学发展历史。

● 学科发展史（依据个人的学科专业进行检索）。

● 苹果之父。

● 自选题目。

③ 电子期刊检索。检索下列内容（任选一个）的学术论文，并选择一篇下载到本地计算机，文件名为"电子期刊检索.doc"。

● 计算思维。

● 体感游戏。

● 物联网。

5.2 局域网简单组网和资源共享实验

一、实验目的

① 了解如何将自己的计算机连接到局域网和 Internet 中；

② 掌握局域网的资源共享，了解局域网的组成和简单的故障查询。

二、实验内容和操作步骤

1. 将计算机与其他计算机连接构成局域网，掌握网卡的设置

要求：实验用的机器上已安装了网卡和网卡的驱动程序，同时也安装了 NetBEUI、TCP/IP 等网络协议。

（1）查看网卡驱动信息

操作步骤是：

① 单击"开始"→"控制面板"→"系统和安全"→"系统"→"设备管理器"，弹出"设备管理器"对话框。

② 从"设备管理器"对话框列表中选择"网卡"项，就会看到本地机器中网卡的型号。

③ 选中该网卡，单击鼠标右键，打开"属性"对话框，观察当前网卡的状态、网卡的驱动程序和所占据的资源。

（2）查看网络协议

操作步骤是：

① 从"控制面板"窗口中双击"网络连接"图标，选择"本地连接"后单击右键，在弹出的快捷菜单中选择"属性"项，弹出 "本地连接属性"对话框，如图 5-7 所示。

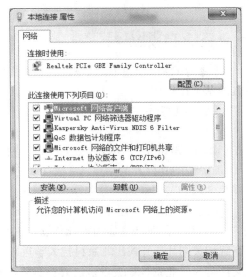

图 5-7 本地连接属性对话框

② 从"常规"选项卡中可以看到系统已安装好的网络组件。

说明

● "Microsoft 网络客户"是指允许本机使用网络上的文件和打印机等共享资源。

● "Microsoft 网络的文件和打印机共享"指允许其他计算机使用本地计算机的资源。

● "TCP/IP"是用于访问 Internet 的协议。选定"TCP/IP 协议"，单击"属性"按钮，就会弹出对话框，看到本地机器的 IP 地址和子网掩码等信息。

（3）查看网卡的 MAC 地址

操作步骤是：

在系统桌面上先按住"Shift"键，单击鼠标右键出现的菜单，如图 5-8 所示。选择"在此处打开命令行窗口"。在提示符下输入命令：ipconfig　/all，按下回车键后系统执行命令，显示界面如图 5-9 所示。

图 5-8　按 Shift 键，桌面右键弹出菜单

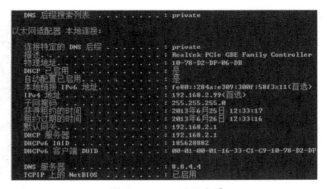

图 5-9　MAC 地址查看

说明

● 不同计算机 MAC 地址的查询显示结果会与图 5-9 所示地址不同，因为每个网卡均有自己唯一的 MAC 地址。

● MAC 地址是由 48 位 2 进制数组成的，通常分成 6 段，用 16 进制表示就是类似 00-1D-72-80-80-6A 的一串字符。

● 如果执行上述命令后没有看到 MAC 地址，则表示网卡没有起作用。

（4）设置计算机的 IP 地址，并测试与相邻计算机的物理连接

操作步骤如下：

① 选定"TCP/IP 协议"，单击"属性"按钮，在弹出对话框中查看 C 类 IP 地址，子网掩码为：255.255.255.0。

② 执行"开始"菜单的"运行"命令，在对话框中输入：ping <邻居计算机的 IP 地址>，查看网络的连通性。

思考： 如果计算机无法和其他计算机实现局域网连接，如何排错。

● 检查网卡和网卡驱动安装是否正常。方法是单击"开始"→"控制面板"→"系统和安全"→"系统"→"设备管理器"，查看"网络适配器"项，如图 5-10 所示。选择网卡的型号后，单击右键，选择"属性"，就可以看到如图 5-11 所示的驱动程序查看和更新的界面。也可以 MS-DOS 命令模式下输入命令：ping 127.0.0.1，如果能够收到如图 5-12 所示的回应信息表示本机网卡安装正确。

图 5-10　设备管理器

图 5-11　网卡型号及属性查看

图 5-12　ping 命令检测网络连通性

● 检查网络协议是否安装正确。检查步骤（2）中的 3 个协议是否安装和设置正确。

● 查看本地连接的状态。方法是选择"网上邻居"中的"查看网络连接"，如果本地连接图标出现如 ![图标] 异常标志，就需要修复"本地连接"。

2. 局域网络资源共享

（1）设置磁盘共享

将计算机的 D 盘共享操作方法如下：

① 右键单击"计算机"→"属性"→"高级系统设置"，在弹出的系统属性对话框的"计算机名"选项卡中单击"更改"，在弹出的"计算机名/域更改"对话框中将局域网中的所有计算机的"工作组"设置为相同的名字，如图 5-13 所示。

② 右键单击需要共享的文件夹，选择"属性"→"共享"→"高级共享"，在弹出的"属性"对话框中选中"共享此文件夹"，如图 5-14 所示。

图 5-13　计算机工作组设置

图 5-14　共享文件夹设置

③ Windows 7 中要实现文件共享还需要设置文件夹的共享权限。查看共享文件夹的属性，在"共享"选项卡里，单击"高级共享"，弹出"高级共享"对话框，在"权限"中依次单击"添加"→"高级"→"立即查找"。然后在查找的结果中选择"Everyone"，并且根据需要设置好用户的操作权限，如图 5-15 所示。

④ Windows 7 中我们使用的磁盘格式为 NTFS，还需要设置 NTFS 格式的权限。右键单击需

要共享的文件夹，依次选择"属性"→"安全"，在"组或用户名"栏单击"编辑"→"添加"，在"输入对象名称来选择"中输入"Everyone"单击"确定"按钮即可，如图 5-16 所示。

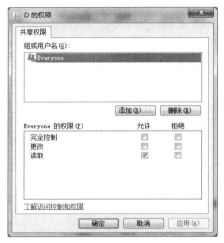

图 5-15　文件夹共享权限设置　　　　　　　图 5-16　NTFS 权限设置

（2）通过"网上邻居"查看网络上的共享文档

步骤如下：

① 打开"网上邻居"，在窗口中查看同一网段中能访问的所有计算机。

② 找到有共享资源的邻居计算机，将共享文件或文件夹复制到本地计算机。

③ 测试共享的方式，修改共享的文档并保存（注：如果共享的方式是读取，将无法保存修改后的文件）。

④ 删除共享的文档。方法是：选中邻居计算机共享的文档，单击 Delete 按钮，或者单击右键，在弹出的快捷方式下选择"删除"命令（注：如果共享的方式是读取，将无法删除文件）。

⑤ 如果同时有多个人打开共享文档，请确认提示信息，以及打开的方式（注：如果同时多个人打开共享文档，那么除了第一人打开时没有提示，其他计算机只能以只读，或其他人关闭文档时通知的方式打开文档）。

思考：打开的文档会暂存到哪个计算机的内存中？

（3）通过映射网络驱动器进行网络资源共享

① 通过映射网络驱动器共享网上资源，将在"网上邻居"中看到的共享文件夹映射到本地的 Z 驱动器，然后对 Z 驱动器中的文件进行复制、剪切、删除等操作。

② 断开网络驱动器。方法是：在"我的电脑"中右击网络驱动器图标，在弹出的快捷菜单中选择"断开"即可。

三、自测练习

【考查的知识点】 局域网的组合和拆分，包括网络 IP 地址的组成、分类及应用；局域网资源共享的操作。

【练习步骤】

局域网的分组与设置

① 以五六台计算机为一组，通过设置 IP 地址和子网掩码将它们设为两个子网。

② 以五六台计算机为一组，通过设置 IP 地址和子网掩码将它们设为同一个子网。

③ 与局域网中的计算机共享资源（文件、文件夹或打印机），并使用共享资源，实现复制、修改、保存等。

思考：如何设置 IP 地址和子网掩码，将一个机房中的电脑分为 3 个子网？

5.3　因特网的其他应用实验

一、实验目的

① 掌握电子邮件的基本操作，包括电子邮件账号的属性，邮件的撰写和发送，邮件的接收、阅读和处理；

② 了解因特网的远程登录和文件传输的基本方法；

③ 了解电子公告板 BBS 和网络聊天工具使用的基本方法。

二、实验内容和步骤

1. 使用 Internet Explore 进行电子邮件的基本操作

（1）申请电子邮箱

从网易邮件中心（或 hotmail、yahoo 等网站）申请免费的电子邮箱。网易邮件中申请免费电子邮箱的操作步骤如下：

① 进入网易邮件中心（URL：http://freemail.163.com/），单击"注册"按钮，进入注册邮箱的向导页面，按照要求阅读网易通行证服务条款，并填写表格中的用户信息，其中带"*"项目必须填写，之后单击"完成"按钮，即完成注册并开通信箱。

② 打开邮箱，查看"发件箱"、"收件箱"。

（2）收发电子邮件

① 向自己的邮箱发送一封测试邮件，接收后阅读该邮件。

② 向同学发送一封问候邮件，并将该邮件抄送给另外两个同学。

③ 发送带附件的邮件，附件可以是 Word 文档、表格或图片等。

④ 向任课教师发送一封有关《大学计算机基础》课程的意见、建议或感想的邮件。

⑤ 阅读收到的邮件，删除无用的邮件。

（3）使用通讯录

① 建立自己的通讯录，包括"朋友"和"亲属"两个组，每个组至少包含两个以上成员资料。

② 使用通讯录给某个朋友发送电子邮件，并抄送给另一朋友。

③ 编辑、修改通讯录中的资料。

2. 使用 Windows Live Mail 收发电子邮件

（1）启动 Windows Live Mail，熟悉 Windows Live Mail 窗口界面，了解菜单栏各项功能

（2）Windows Live Mail 邮件账号设置

将申请的 163 免费邮箱设置默认的电子邮件地址。操作步骤如下：

① 第一次运行 Windows Live Mail，会弹出"添加您的电子邮件帐户"对话框。在 Windows Live Mail 菜单栏中，选择"帐户"菜单的"电子邮件"命令，打开如图 5-17 所示对话框。

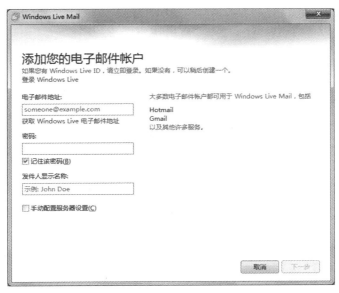

图 5-17　添加电子邮件账户对话框

②　在"电子邮件地址"框中输入申请的 163 邮箱账号；在"密码"框中输入邮箱登录密码；在"发件人显示名称"框中输入你希望在电子邮件中显示的落款。

③　一般情况无需选中"手动配置服务器设置"复选框，单击"下一步"→"完成"，即完成了电子邮件的设置，可以使用 Windows Live Mail 进行电子邮件的收发了。

④　若选中了"手动配置服务器设置"复选框，则需要手动输入电子邮件的服务器设置，具体操作如下。单击"下一步"，弹出"配置服务器设置"对话框，如图 5-18 所示。系统默认"接收服务器类型"为"POP"（不需要修改），在接收服务器地址框中，输入接收邮件的 POP 服务器名称"pop.163.com"；在邮件发送邮件服务器地址框中，输入发送邮件服务器的域名"smtp.163.com"，单击"下一步"按钮，即可完成对邮箱服务器的手动配置。不同电子邮箱的配置信息可能不同，可参考电子邮箱的使用说明。

（3）在 Windows Live Mail 中创建电子邮件，并发送、转发、抄送电子邮件

①　以纯文本格式向指定的邮箱发送一封电子邮件，主题是：问题 1；内容是：老师，如何发送一个附件呢？。

②　以 html 格式向指定的邮箱发送一封电子邮件，主题是：问候；内容是：老师，我的学号是.....。并发送一个 bmp 格式的文件作为附件。

（4）接收、回复、处理和删除电子邮件

①　接收邮件，查看邮件箱。

②　回复收到的一封邮件。

③　将收到的邮件转发给一个同学。

④　删除不需要保留的电子邮件。

（5）管理使用通讯录，并通过通讯录发送、抄送电子邮件

①　将 3 个自己的朋友或同学的信息放入通讯录。

②　通过通讯录给自己一个朋友发送邮件。

③　通过通讯录给自己所有的朋友发送邮件。

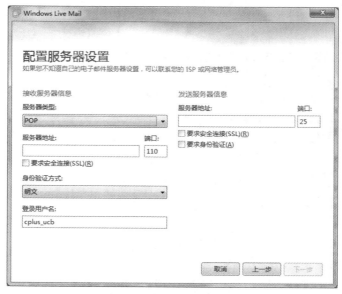

图 5-18　配置服务器设置对话框

3. 利用 foxmail 收发邮件（课外练习）

（1）利用搜索引擎查找 foxmail 软件包，并下载，按照向导的提示进行安装

（2）设置用户账户

将申请的 163 免费邮箱设置为 foxmail 邮件软件默认的电子邮件地址（设置的方法与 Windows Live Mail 的账户设置类似），进行属性设置。操作步骤是：

① 第一次运行时，选择"帐户"菜单中的"新建"项，会弹出 Foxmail 用户向导，引导用户添加第一个邮件账户。

② 在设置对话框中用户需要填写：用户名、邮箱路径、发送者姓名与邮件地址。

③ 在"指定邮件服务器"设置对话框中，填写：POP3 服务器、POP3 账户名、密码及 SMTP 服务器。

④ 选择"保留服务器备份"，可以将邮件安全的保留在邮箱中，不至于在收取邮件时被 foxmail 下载到本地机器中。

（3）管理使用地址簿，并通过通信录发送邮件，并接收邮件

① 将 3 个自己的朋友或同学的信息放入地址簿。方法是：单击工具栏"地址簿"按钮，在系统提供的界面中添加联系人的信息。

② 通过地址簿选择多个朋友，发送邮件，并发送一张图片文件作为附件。

4. 远程登录

① 使用 telnet 远程登录到北京大学"未名 BBS 站点"（URL：telnet://bbs.pku.edu.cn 或 162.105.122.122）、或上海交通大学"饮水思源 BBS 站点"（URL：telnet://bbs.sjtu.edu.cn 或 202.112.26.39）。用户名输入：guest；如果注册为成员，则用户名输入：new，之后填写用户登录信息。

② 查看各 BBS 站点的操作界面、统计数据及相关信息。

③ 浏览感兴趣的信息，并进行关于某问题的讨论。

Windows 7 系统可能没有打开 telnet 客户端功能，通过以下操作可以在命令窗口中使用 telnet 功能。

打开"控制面板"，单击"程序"→"程序和功能"→"打开或关闭 Windows 功能"，弹出如图 5-19 所示的对话框，选中"Telnet 客户端"复选框，即可在命令窗口中使用 telnet 功能。

图 5-19　打开或关闭 Windows 功能对话框

5. 通过公共域名 FTP 服务器进行文件的下载

（1）使用 Windows 的 FTP 客户端程序访问 FTP 服务器并下载、上传文件

操作步骤如下：

① 在系统桌面上先按住 Shift 键，单击鼠标右键弹出菜单，单击"在此处打开命令行窗口"。

② 在提示符下输入命令：ftp　<ftp 服务器的 IP 地址>。

③ 在连接到 FTP 服务器后，系统就会提示输入登录 FTP 服务器的用户名和口令；如果输入正确，系统就会显示 ftp 服务器上的共享资源。可以利用 Windows 资源管理器中的操作，进行文件的移动或复制。

（2）使用 IE 浏览器访问某大学的 FTP 服务器

使用 IE 浏览器分别访问北京科技大学的 FTP 服务器（URL：ftp://ftp.ustb.edu.cn）、北京大学的 FTP 服务器（URL：ftp://ftp.pku.edu.cn）和清华大学的 FTP 服务器（URL：ftp://ftp.tsinghua.edu.cn）。

① 观察窗口界面，理解 FTP 的概念、特点及操作方式，比较 FTP 文件操作与本地文件操作的区别。

② 浏览北京大学 FTP 服务器上"pub\Chinese"文件夹，选择一个感兴趣的软件下载到本地用户工作盘中。如果是压缩文件，则通过压缩工具（Winzip 或 Winrar）进行解压缩。

③ 浏览北京科技大学 FTP 服务器，下载常用软件工具，并安装使用这些软件。

如果 FTP 服务器不允许登录，则在 IE 窗口中使用雅虎、百度等搜索引擎搜索免费软件下载网站，并选择解压缩软件等进行文件下载操作。

6. 通过校园网访问高校 BBS

（1）使用 IE 浏览器分别访问北京科技大学的 BBS（URL：http:// city.ibeke.com）、北大未名 BBS（URL：http://bbs.pku.edu.cn/bbs/）

其中北京科技大学 BBS 界面如图 5-20 所示。

图 5-20　北京科技大学 BBS 界面

① 观察窗口界面，理解 BBS 的概念、特点及操作方式。

② 在北京科技大学的 BBS 上注册用户。单击窗口右上角的"加入社区"，填写各项信息完成用户注册。

③ 以注册用户身份登录，进入"官方发布"、"学生组织"、"资源共享"等板块浏览。

④ 进入"壳子报到"，单击"发帖"按钮发布新贴，主题为"学号+姓名+报到"，内容自行设计。

7. 通过网络聊天工具与人交流

① 启动 QQ 应用程序，如已有 QQ 号直接登录，否则注册一个 QQ 号登录。观察窗口界面，了解网络聊天工具的特点及操作方式。

② 将相熟的 2 至 4 个同学加为好友，在"联系人"选项卡中观察好友的状态。任意选择一位好友，双击该好友头像，在弹出的窗口中与好友进行文字聊天。

③ 利用 QQ 给好友传送文件。

三、自测练习

【考查的知识点】电子邮件软件 Windows Live Mail 的使用；电子邮件的发送、备份、收取、阅读与删除。

【练习步骤】

使用客户端邮件软件，收发电子邮件，进行邮件管理。并将在上节完成的"电子期刊检索.doc"发送给自己的任课老师，步骤如下：

（1）使用"工具"菜单"账户"命令

在对话框中设置 Windows Live Mail 的邮件账户。

（2）使用"工具"菜单的"选项"命令

在对话框中进行如下设置：

① 启动时自动发送和接收邮件；发送邮件保留副本；每隔 20 分钟检查新邮件。

② 撰写的邮件为楷体、4 号字。

（3）编辑电子函件

收件人：发函人本人的电子信箱；主题：Test；内容：Test。

（4）发送函件

① 发送电子函件，并将《电子期刊检索.doc》作为附件发送。

② 阅读"已送邮件"中上述已发函件的备份邮件。

③ 给班里 5 个以上同学批量发送一封问候的电子邮件。

（5）接收邮件

① 收取 POP3 电子信箱中的电子邮件。

② 阅读"收件箱"中所收取的上述自己发送的邮件，阅读同学发送的问候邮件。

（6）删除电子邮件

将无用的电子邮件进行删除，并使用"已删除邮件"文件夹查看已删除的电子邮件。

思考：

① 在 Windows Live Mail 中，有哪几种方法判断自己的信是否成功发送出去了？

② 在 Windows Live Mail 中，能否建立多个邮件账户？如何确定使用多个账户中的哪一个账户发送邮件？

第6章
Sound Forge 声音处理软件和 Photoshop 图像处理软件

多媒体信息主要包括声音和图像两种。典型的声音处理软件是 Sound Forge，典型的图像处理软件是 Photoshop。

Sound Forge 是 Sonic Foundry 公司开发的数字声音处理软件，能够非常直观方便地实现对声音文件的处理，本次使用的版本是 9.0。其基本功能包括：

① 声音剪辑：声音片断的删除、声音片断的连接和语序调整。

② 声音的数字化指标转换：采样频率的转换、样本精度的转换和音量的提高或降低。

③ 声音的效果处理：混响、回声、延迟和合唱等。

④ 声音的降噪处理：过滤或降低噪声干扰。

⑤ 声音的格式转换：完成各种声音文件的格式转换。

典型的声音处理包括声道转换、采样频率转换、音量转换、文件格式转换、剪辑处理、淡入淡出效果设置、摇动效果设置和频谱分析。

Photoshop 是 Adobe 公司旗下最为出色的图像处理软件之一。它不仅提供强大的绘图工具，可以直接绘制艺术图形，还能直接从扫描仪和数码相机等设备采集图像，并对它们进行修改，调整图像的色彩、亮度和大小等；还可以增加特殊效果，使得现实生活中很难遇到的景象十分逼真地进行展现。本次使用的版本是 8.0.1。其基本功能包括：

① 图像编辑：图像编辑是图像处理的基础，可以对图像进行各种变换，如放大、缩小、旋转、倾斜、镜像和透视等，也可以进行复制、去除斑点、修补和修饰图像的残损等。

② 图像合成：图像合成是通过图层工具合成完整的且具有明确意义的图像。

③ 校色调色：校色调色工具提供对图像的颜色进行明暗、色偏的调整和校正，也可在不同颜色模式之间进行切换以满足不同领域，如网页设计、印刷和多媒体方面的应用。

④ 特效制作：特效制作由滤镜和通道等工具来完成，包括图像的特效创意和特效文字制作等，如油画、浮雕和素描等。

典型的图像处理，包括图像文件格式转换、规则区域选择和不规则区域选择、渐变纹理设置、变换处理、色彩调整和滤镜处理。其中，规则区域选择包括矩形选择、椭圆选择和圆形选择；不规则区域选择包括套索选择、多边形套索选择、磁性套索选择和魔棒选择；色彩调整包括曲线和色阶调整；变换处理包括缩放、旋转、斜切、扭曲和翻转等；滤镜包括扭曲、纹理和锐化等。

6.1　使用 Sound Forge 进行声音处理实验

一、实验目的

（1）理解声音的本质是波形；

（2）掌握 Sound Forge 软件中声音的变换处理；

（3）掌握 Sound Forge 软件中声音的剪接处理；

（4）掌握 Sound Forge 软件中声音的效果处理；

（5）掌握 Sound Forge 软件中声音的频谱分析。

二、实验内容和操作步骤

1. 声音的声道转换

① 准备一个声音文件，如"声音文件 1.wav"。

② 打开 Sound Forge 声音处理软件，单击"文件"→"打开"命令，选择该文件，如图 6-1 所示（处理该声音文件前，需对该文件进行备份以便下面操作能够顺利进行）。

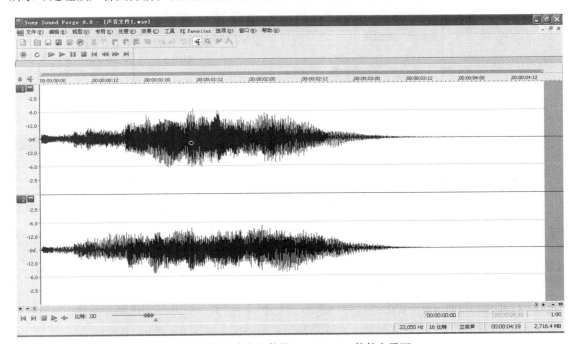

图 6-1　打开声音文件的 Sound Forge 软件主界面

③ 单击"处理"→"声道转换"命令，打开声道转换界面，如图 6-2 所示。

④ 在"Output channels"下拉框中选择声道数为 1，单击"确定"按钮，重新播放声音，比较声道数为 1 和 2 的两种声音的播放效果。

⑤ 重复步骤②③④，分别选择 3、4、5 和 6 声道数，并与声道数为 2 的声音比较播放效果。

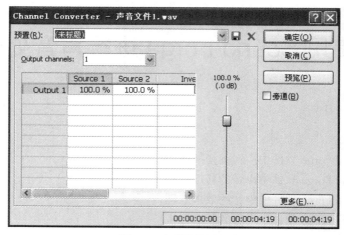

图 6-2　声道转换界面

2. 声音的采样频率转换

① 准备一个声音文件，如"声音文件 2.wav"。

② 打开 Sound Forge 声音处理软件，单击"文件"→"打开"命令，选择该文件。

③ 单击"处理"→"重新采样"命令，打开重新采样界面，如图 6-3 所示。

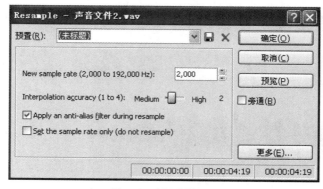

图 6-3　重新采样界面

④ 在"New sample rate"编辑框中输入"2000"，将当前声音的采样频率转换为 2000Hz，单击"确定"按钮，重新播放声音，与原声音进行比较（声音的样本深度转换，与此类似）。

3. 声音的音量转换

① 准备一个声音文件，如"声音文件 3.wav"。

② 打开 Sound Forge 声音处理软件，单击"文件"→"打开"命令，选择该文件。

③ 单击"处理"→"音量"命令，打开音量调整界面，如图 6-4 所示。

④ 拖动滑块至 200%附近，然后单击"确定"按钮，重新播放声音，与原声音进行比较。

4. 声音的格式转换

① 准备一个声音文件，如"声音文件 4.wav"。

② 打开 Sound Forge 声音处理软件，单击"文件"→"打开"命令，选择该文件。

③ 单击"文件"→"另存为"命令，打开文件保存界面，如图 6-5 所示。

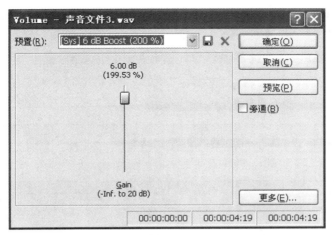

图 6-4　音量调整界面

图 6-5　文件保存界面

④ 分别选择 mp3、mp4、wmv、au 和 rm 格式，进行文件格式转换，比较各种不同文件格式的文件大小（如果出现不支持的格式转换，则可以忽略，这是软件内部格式转换支持的问题）。

5. 声音的剪辑处理

① 准备两个声音文件，如"声音文件 5_1.wav"和"声音文件 5_2.wav"。

② 分别执行两次单击"文件"→"打开"命令，打开这两个文件，再单击"窗口"→"水平平铺"命令，如图 6-6 所示。

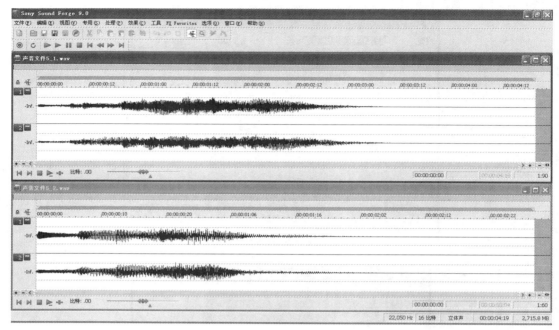

图 6-6　打开两个文件的 Sound Forge 软件主界面

③ 鼠标左键拖动选择"声音文件 5_1.wav"的片断，并执行右键弹出菜单"复制"命令，复制该片断，如图 6-7 所示。

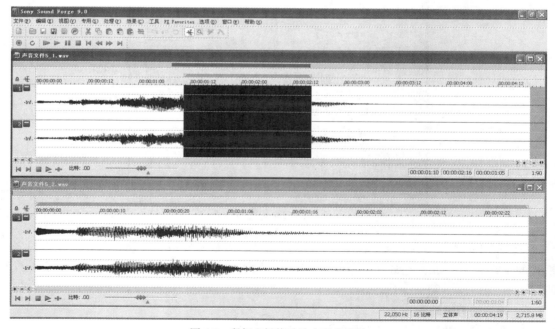

图 6-7　鼠标左键拖动选中声音片断

④ 单击"声音文件 5_2.wav"，将拷贝的文件中插入相关位置，并执行右键弹出菜单"粘贴"命令，拷贝声音片断至该处，如图 6-8 所示；重新播放"声音文件 5_2.wav"，与原声音文件进行比较。

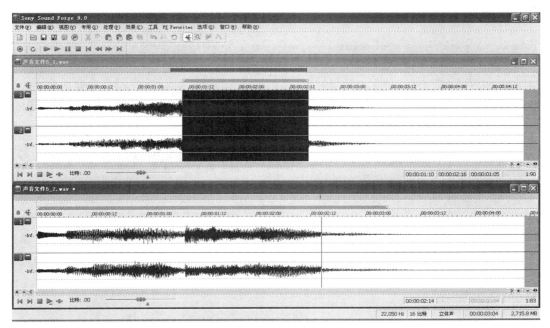

图 6-8　声音片断的复制

6. 声音的效果处理——淡入淡出

① 准备一个声音文件，如"声音文件 6.wav"。

② 打开 Sound Forge 声音处理软件，单击"文件"→"打开"命令，选择该文件，如图 6-9 所示。

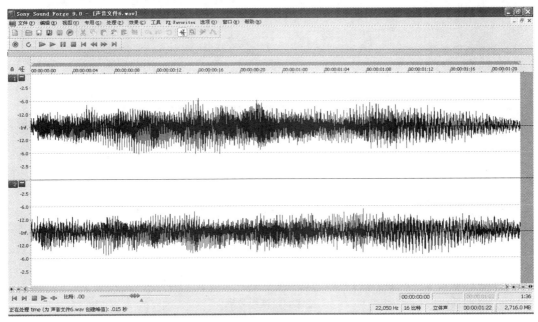

图 6-9　声音文件打开

③ 单击"处理"→"淡出"→"淡入"命令，重新播放声音，与原声音进行比较，如图

6-10 所示。

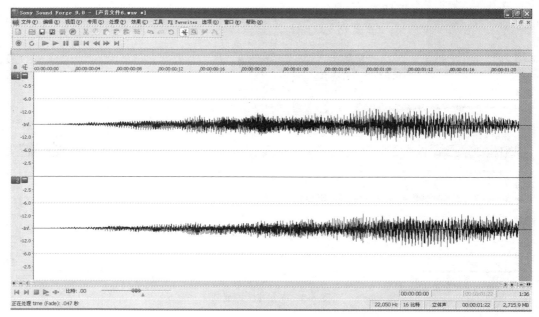

图 6-10　淡入效果

④ 单击"处理"→"淡出"→"淡出"命令，重新播放声音，与原声音进行比较，如图 6-11 所示。

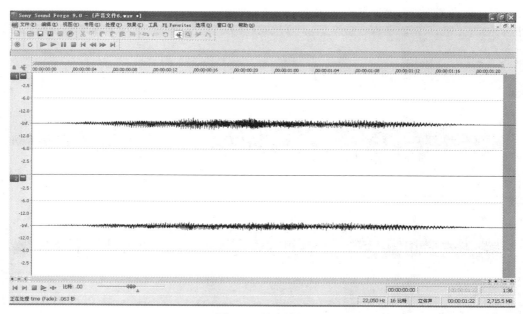

图 6-11　淡出效果

7. 声音的效果处理——摇动

① 准备一个声音文件，如"声音文件 7.wav"。

② 打开 Sound Forge 声音处理软件，单击"文件"→"打开"命令，选择该文件。

③ 单击"处理"→"声像/扩展"命令，打开摇动界面，鼠标双击蓝色的直线，拉动小的矩形框，如图 6-12 所示。

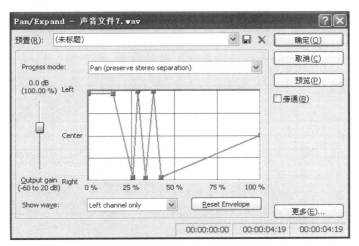

图 6-12　声音摇动设置界面

④ 单击"确定"按钮，得到新的声音，如图 6-13 所示，重新播放声音，与原声音进行比较。

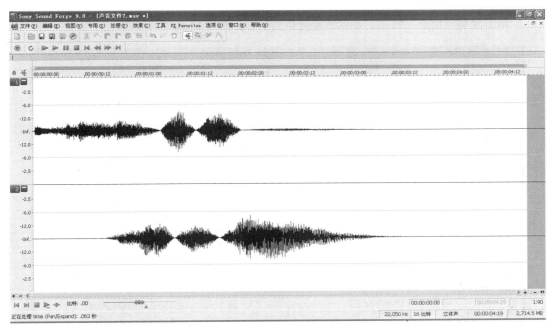

图 6-13　声音摇动处理效果

8. 声音的频谱分析

声音的波形反映声音的声强随时间变化的信息，而声音的频谱反映声音的声强随频率变化的信息。

① 准备一个声音文件，如"声音文件 8.wav"。

② 打开 Sound Forge 声音处理软件，单击"文件"→"打开"命令。

③ 单击"视图"→"频谱分析"命令，打开频谱分析界面，如图 6-14 所示。

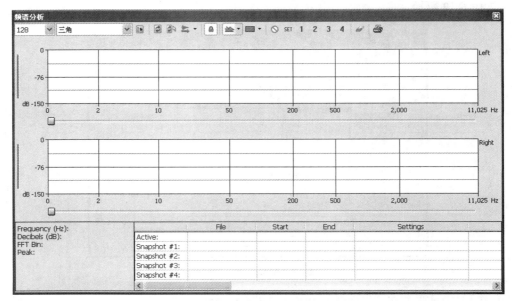

图 6-14　频谱分析界面

④ 单击"自动更新"按钮，加载频谱分析结果，如图 6-15 所示。

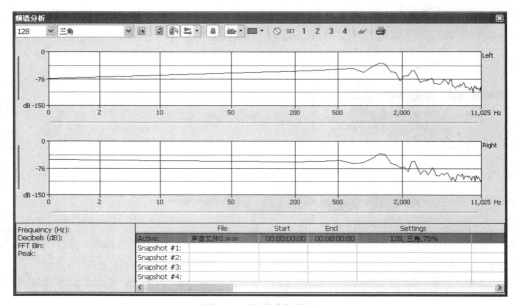

图 6-15　频谱分析结果

⑤ 如果不能出现频谱分析结果，可单击"设置"按钮，打开频谱设置界面，从下拉框中选择"听见范围（20 到 20000Hz）"，即可显示频谱分析结果，如图 6-16 所示。从该界面可以看出，声强大的声音频率主要集中在 2000Hz 以前。

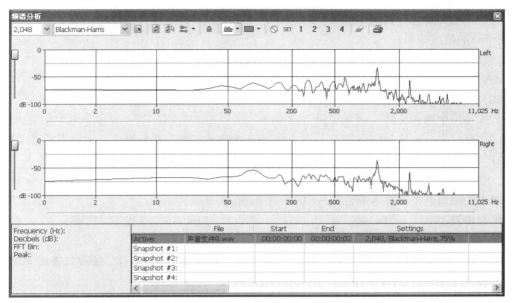

图 6-16　频谱分析结果（通过预设参数）

三、自测练习

1. 理解声音的本质

【考查的知识点】理解声音的本质是波形。

【练习步骤】

① 准备一个声音文件。

② 打开 Sound Forge 声音处理软件，单击"文件"→"打开"命令，选择该文件，观察声音的波形特征，理解声音的本质是波形。

2. 使用 Sound Forge 软件进行声音声道转换

【考查的知识点】掌握 Sound Forge 软件中声音的声道转换。

【练习步骤】

① 准备一个声音文件。

② 按照"实验内容和操作步骤"的"1. 声音的声道转换"进行操作，比较不同声道与原有声道的声音的播放效果。

3. 使用 Sound Forge 软件进行声音采样频率转换

【考查的知识点】掌握 Sound Forge 软件中声音的采样频率转换。

【练习步骤】

① 准备一个声音文件。

② 按照"实验内容和操作步骤"的"2. 声音的采用频率转换"进行操作，比较不同采样频率与原有采用频率的声音的播放效果。

4. 使用 Sound Forge 软件进行声音音量转换

【考查的知识点】掌握 Sound Forge 软件中声音的音量转换。

【练习步骤】

① 准备一个声音文件。

② 按照"实验内容和操作步骤"的"3. 声音的音量转换"进行操作，比较不同音量与原有音量的声音的播放效果。

5. 使用 Sound Forge 软件进行声音文件格式转换

【考查的知识点】掌握 Sound Forge 软件中声音的格式转换。

【练习步骤】

① 准备一个声音文件。

② 按照"实验内容和操作步骤"的"4. 声音的格式转换"进行操作，比较不同格式与原有格式的声音的播放效果。

6. 使用 Sound Forge 软件进行声音剪辑

【考查的知识点】掌握 Sound Forge 软件中声音的剪辑处理。

【练习步骤】

① 准备两个声音文件。

② 按照"实验内容和操作步骤"的"5. 声音的剪辑处理"进行操作，播放处理后的新文件。

7. 使用 Sound Forge 软件进行淡入淡出效果处理

【考查的知识点】掌握 Sound Forge 软件中声音的效果处理——淡入淡出。

【练习步骤】

① 准备一个声音文件。

② 按照"实验内容和操作步骤"的"6. 声音的效果处理——淡入淡出"进行操作，比较处理前后的声音的播放效果。

8. 使用 Sound Forge 软件进行摇动效果处理

【考查的知识点】掌握 Sound Forge 软件中声音的效果处理——摇动。

【练习步骤】

① 准备一个声音文件。

② 按照"实验内容和操作步骤"的"7. 声音的效果处理——摇动"进行操作，比较处理前后的声音的播放效果。

9. 使用 Sound Forge 软件查看声音频谱

【考查的知识点】掌握 Sound Forge 软件中声音的频谱分析。

【练习步骤】

① 准备一个声音文件。

② 按照"实验内容和操作步骤"的"8. 声音的频谱分析"进行操作，查看该声音的频谱结构。

6.2 使用 Photoshop 进行图像处理实验

一、实验目的

（1）了解不同图像文件格式；

（2）了解 Photoshop 软件中的颜色空间；

（3）掌握 Photoshop 软件中规则区域的选择方法；

（4）掌握 Photoshop 软件中不规则区域的选择方法；

（5）掌握 Photoshop 软件中的颜色渐变的设置方法；

（6）掌握 Photoshop 软件中的仿制图章的使用方法；

（7）掌握 Photoshop 软件中的斜切和扭曲等变换方法；

（8）掌握 Photoshop 软件中的图层的使用方法。

二、实验内容和操作步骤

1. 图像的文件格式转换

① 准备一个 BMP 格式的图像文件，如"图像文件 1.bmp"。

② 单击"文件"→"打开"命令，选择该文件。

③ 单击"文件"→"存储为"命令，打开文件保存对话框，如图 6-17 所示。

图 6-17　文件保存界面

④ 分别选择 GIF、JPEG、PNG 和 TIFF 四种格式，进行文件格式转换，比较各种不同文件格式的文件大小。

2. 图像的区域选择和渐变处理

① 单击"文件"→"新建"命令，打开文档新建界面，建立图像文档，选择 RGB 颜色模式，背景内容为白色，宽度与高度可以任意设置，如图 6-18 所示。

图 6-18　图像文档新建界面

② 使用"椭圆工具"选择出圆形选区，如图 6-19 所示。

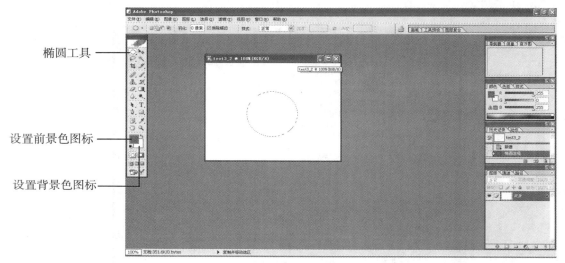

图 6-19　使用椭圆工具选择圆形选区

③ 双击工具栏上的"设置前景色"图标，打开拾色器界面，设置前景色为白色，如图 6-20 所示；双击工具栏上的"设置背景色"图标，设置背景色为红色，如图 6-21 所示。

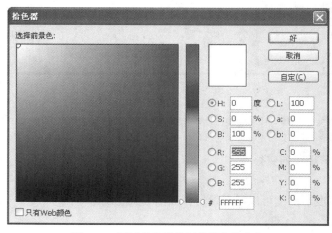

图 6-20　通过拾色器设置前景色为白色

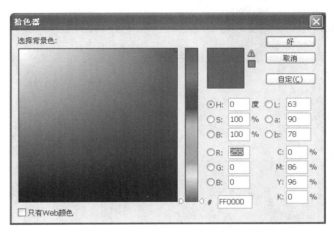

图 6-21　通过拾色器设置背景色为红色

④ 单击"渐变工具"按钮，选择填充为"前景到背景"和"径向渐变"模式，产生渐变填充，如图 6-22 所示。

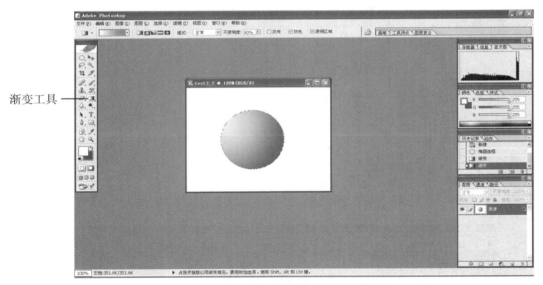

图 6-22　使用渐变工具进行径向渐变的填充

⑤ 单击"选择"→"修改"→"收缩"命令，弹出收缩选取界面，将收缩量设置为 10 个像素，如图 6-23 所示。

图 6-23　收缩选取界面

⑥ 单击"确定"按钮，收缩效果如图 6-24 所示。

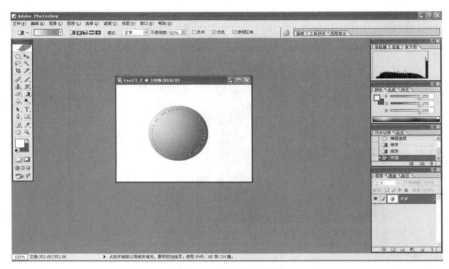

图 6-24　选区收缩效果

⑦ 单击"选择"→"存储区域"命令，保存选择区域，如图 6-25 所示。

图 6-25　存储选区界面

⑧ 单击"选择"→"羽化"命令，羽化 1 个像素。

⑨ 单击"编辑"→"变换"→"旋转 180 度"命令，将选择区域转动 180°，如图 6-26 所示。

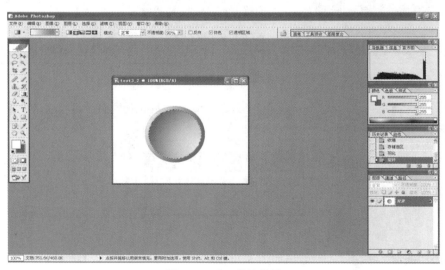

图 6-26　选区旋转效果

⑩ 单击"选择"→"载入选区"命令，读取保存的选择区域；选择保存的区域："区域 1"。

⑪ 单击"选择"→"修改"→"收缩"命令，将选择区域缩小 1 个像素。

⑫ 单击"编辑"→"变形"→"旋转 180 度"命令。至此，一个按钮制作完成，效果如图 6-27 所示。

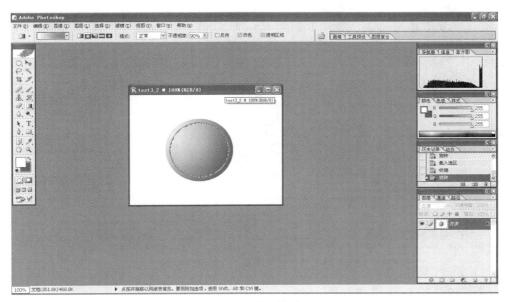

图 6-27　按钮效果

3. 使用仿制图章工具删除图片上的文字或斑点

① 单击"文件"→"打开"命令，选择文件"图像文件 3.bmp"，如图 6-28 所示。

仿制图章工具——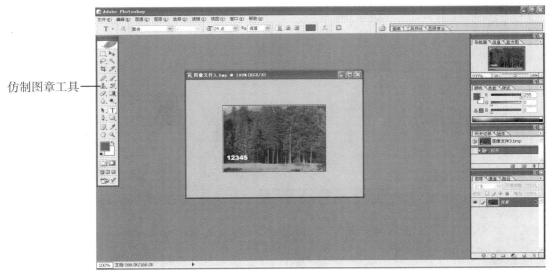

图 6-28　打开带有文字的图片

② 单击"仿制图章工具"按钮，不透明度和流量均为 100%，按下 Alt 键，鼠标单击需要仿

制的源点。

③ 鼠标单击需要删除的文字，处理后的图片，如图 6-29 所示。

图 6-29　使用仿制图章工具处理后的图片

4. 图像的渐变纹理和变换处理

① 准备相框和照片两个文件，如"图像文件 4_1_相框.jpg"和"图像文件 4_2_照片.jpg"。

② 单击"文件"→"新建"命令，新建文档，尺寸设置为：400×300 像素，背景内容填充为白色，颜色模式为 RGB；单击"好"按钮，新建文件如图 6-30 所示。

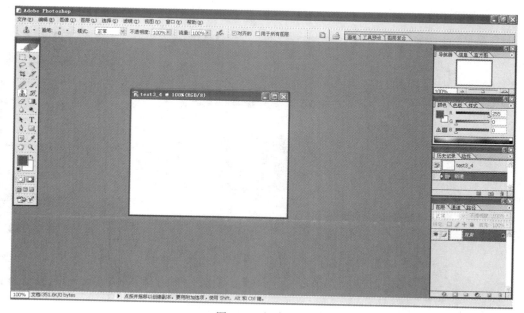

图 6-30　新建文档

③ 单击"选择"→"全选"命令，再将背景色设置为黄色；单击"渐变工具"按钮，设置为

径向渐变，模式为溶解，在选区中从左至右拖动鼠标，进行填充，如图 6-31 所示。

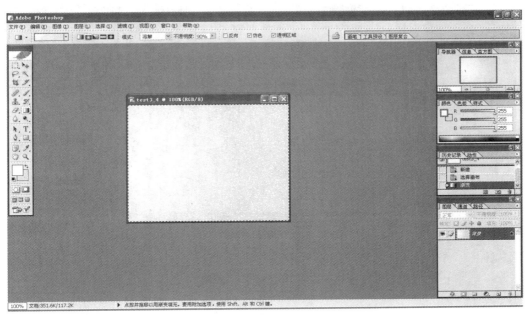

图 6-31　使用渐变工具进行填充

④ 单击"滤镜"→"纹理"→"纹理化"命令，弹出纹理化设置界面，如图 6-32 所示，选择染色玻璃纹理。

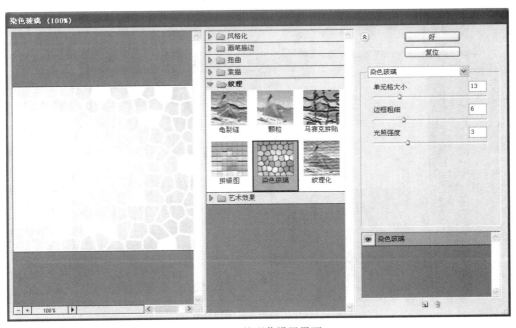

图 6-32　纹理化设置界面

⑤ 单击"好"按钮，设置纹理的背景，如图 6-33 所示。

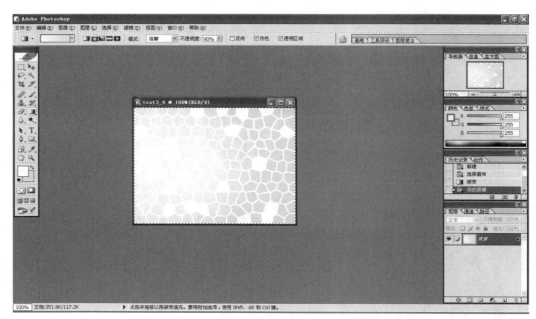

图 6-33　纹理化后的背景效果

⑥ 单击"文件"→"打开"命令，打开相框图片，并将相框图片调整到合适大小，如图 6-34 所示。调整的方法是：选中相框图片，单击"选择"→"全选"命令，再单击"编辑"→"变换"→"缩放"命令，然后拖动边界矩形小按钮到合适位置。

移动工具

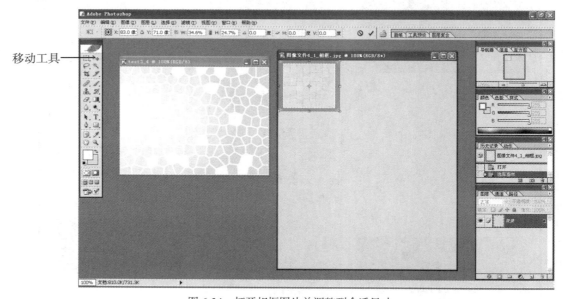

图 6-34　打开相框图片并调整到合适尺寸

⑦ 单击"移动工具"按钮，使用鼠标左键将相框图片拖拽复制到新建图像中，调整为合适大小；再单击"图层"→"图层样式"→"斜面和浮雕"命令，为相框设置浮雕效果，如图 6-35 所示。

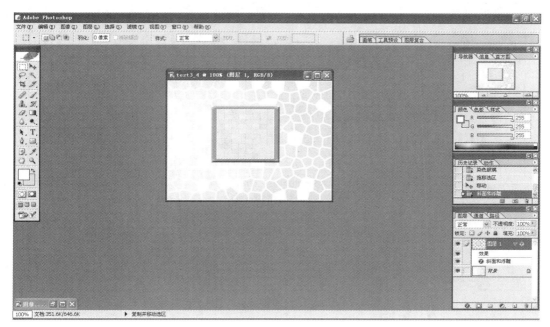

图 6-35　浮雕效果

⑧ 单击"文件"→"打开"命令，打开照片文件，将照片调整到合适大小，如图 6-36 所示。调整的方法同步骤⑥。

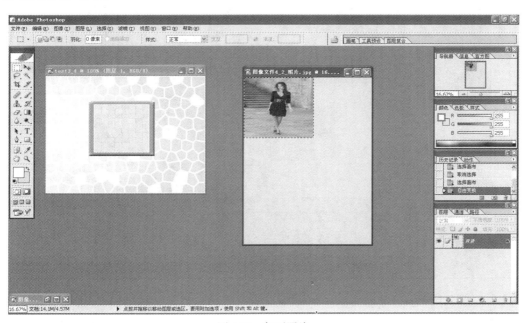

图 6-36　打开照片

⑨ 单击"移动工具"按钮，使用鼠标左键将照片拖拽复制到新建图像中，调整为合适大小，如图 6-37 所示。

图 6-37　拖动照片到背景

⑩　选择照片图层，单击"图层"→"向下合并"命令，将相框和照片图合并为一个图层，并命名该图层为"相框照片"，如图 6-38 所示。

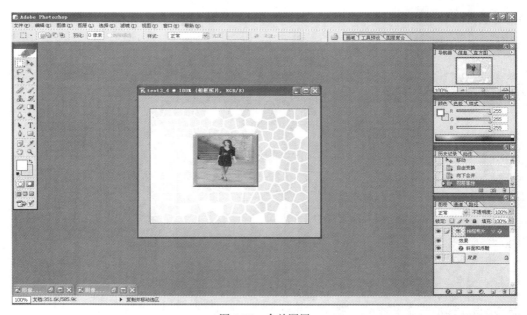

图 6-38　合并图层

⑪　选中"相框照片"图层，单击"编辑"→"变换"→"斜切"命令，将相框调整成图 6-39 所示效果。

⑫　单击"图层"→"新建"→"图层"命令，新建一个图层，将其命名为"阴影"，如图 6-40 所示。

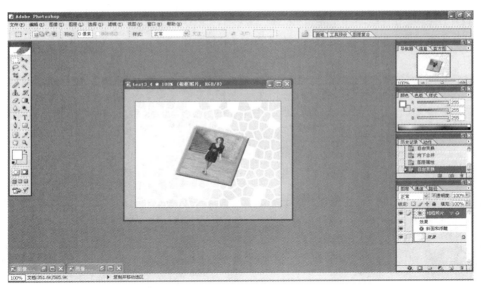

图 6-39　变换斜切效果

图 6-40　新建图层

⑬ 按住 Ctrl 键的同时，单击"图层"面板中的"相框照片"图层，载入相框选区。将前景色设置为浅灰色，然后再选中"阴影"图层，按 Alt+Del 组合键填充选区。单击"编辑"→"变换"→"扭曲"命令，将阴影调整成如下效果，如图 6-41 所示。

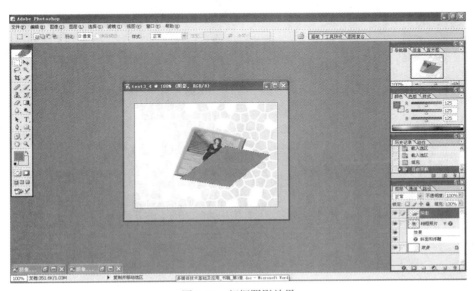

图 6-41　相框阴影效果

⑭ 将"阴影"图层拖动到"相框照片"图层下，单击"滤镜"→"模糊"→"高斯模糊"命令，调整适当的"半径"参数，最后的效果如图 6-42 所示。

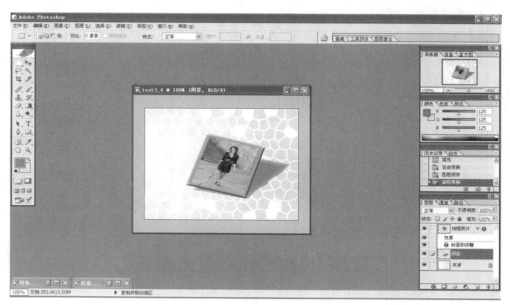

图 6-42　数码相框

5. 使用色彩调整进行人物上色

① 准备一个带有人物的黑白照片，如"图像文件 5_黑白人物.bmp"。

② 单击"文件"→"打开"命令，打开该文件，如图 6-43 所示。

磁性套索
工具

图 6-43　打开黑白照片

③ 单击"图像"→"调整"→"自动色阶"命令，执行自动色阶。

④ 单击"磁性套索工具"按钮，在图像中仔细选择人物上的衣服的区域，得到衣服的选区，如图 6-44 所示。

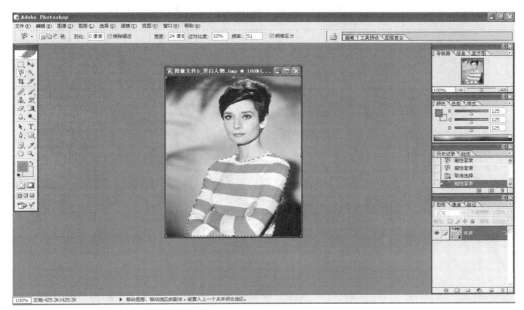

图 6-44　利用磁性套索进行选择

⑤ 单击"选择"→"存储选区"命令，在打开的"存储选区"对话框中，将新建通道命名为"衣服"，如图 6-45 所示。

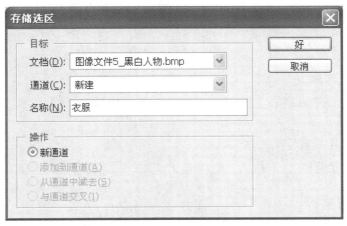

图 6-45　存储选区

⑥ 单击"图像"→"调整"→"色相/饱和度"命令，调整各参数。

⑦ 单击"图像"→"调整"→"色彩平衡"命令，调整各参数，如图 6-46 所示。

⑧ 使用同样的方法仔细地选择人物的皮肤部分，得到皮肤选区，并存储皮肤选区。

⑨ 单击"图像"→"调整"→"曲线"命令，调整各参数。

⑩ 调整皮肤选区的色相/饱和度和色彩平衡。

⑪ 选择人物的头发部分，得到头发选区，存储选区，并按同样的方法调整。

图 6-46　执行色彩平衡

⑫ 选择照片的背景部分，得到背景选区，存储选区，并按同样的方法调整，最后得到的人物上色效果，如图 6-47 所示。

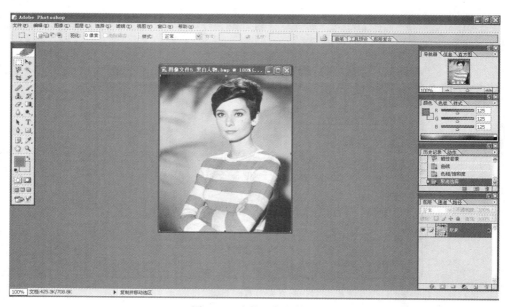

图 6-47　人物上色的效果

6. 使用套索和滤镜制作水中倒影

① 准备两个文件，一个是水鸟，另一个是湖水，如"图像文件 6_1_水鸟.bmp"和"图像文件 6_2_湖水.bmp"。

② 单击"文件"→"打开"命令，打开这两个文件，如图 6-48 所示。

图 6-48　打开水鸟和湖水文件

③ 使用磁性套索工具和移动工具,将水鸟复制到湖水图像上,产生新图层 1,命名为"水鸟"。调整水鸟的大小,如图 6-49 所示。

图 6-49　使用套索工具和移动工具选择并移动水鸟

④ 利用磁性套索工具,选择鸟的腿部需要删除的区域,并按下 Del 键进行删除,其结果如图 6-50 所示。

图 6-50　利用套索工具选择删除区域

⑤ 选择背景层（湖水层），使用椭圆工具以水鸟腿部入水处为中心点，按住 Alt 键画椭圆，单击"滤镜"→"扭曲"→"水波"命令，设置水波纹，如图 6-51 所示。

图 6-51　设置水波效果

⑥ 选择"水鸟"图层，选择水鸟水下的腿部部分，利用橡皮擦工具进行删除，如图 6-52 所示。

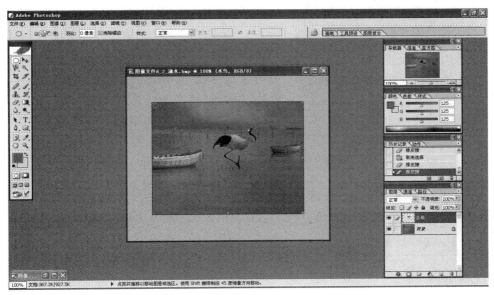

图 6-52　利用橡皮擦工具进行删除

⑦ 在图层面板上选择水鸟图层，复制一新图层，用来做倒影层。选定该图层，单击"编辑"→"变换"→"垂直翻转"命令，将倒影移动到合适位置，如图 6-53 所示。

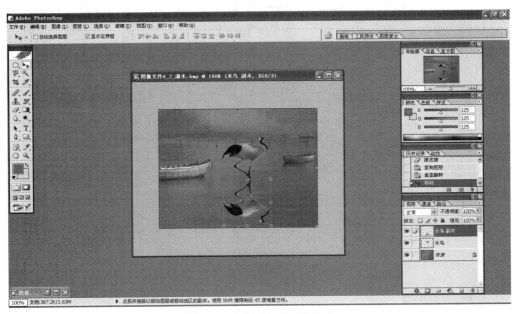

图 6-53　执行垂直翻转的效果

⑧ 选图层面板中的透明度，调整倒影层的透明度 20%或 50%，如图 6-54 所示。

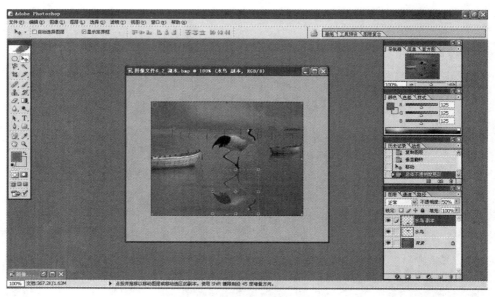

图 6-54　调整图层的透明度

⑨ 选定倒影层，单击"滤镜"→"扭曲"→"波纹"命令，扭曲倒影，如图 6-55 所示，即完成倒影制作。

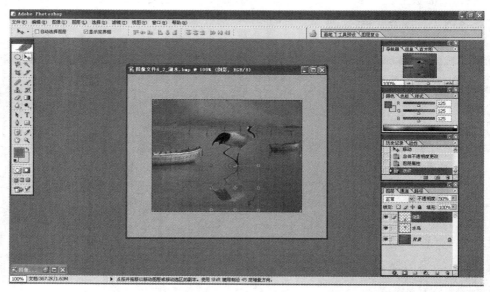

图 6-55　利用套索和滤镜制作水中倒影

三、自测练习

1．使用 Photoshop 软件进行图像文件格式转换

【考查的知识点】了解不同图像文件格式。

【练习步骤】

① 准备一个图像文件。

②　单击"文件"→"打开"命令，选择该文件。

③　单击"文件"→"存储为"命令，分别选择各种不同文件存储格式，进行文件格式转换，比较各种不同文件格式的文件大小。

2.　使用 Photoshop 软件制作立体按钮

【考查的知识点】掌握 Photoshop 软件中规则区域的选择方法和颜色渐变的设置方法。

【练习步骤】

①　按照"实验内容和操作步骤"的"2. 图像的区域选择和渐变处理"进行操作，制作一个具有较强立体感的按钮。

②　要求按钮的左上角为白色，右下角为黄色，中间颜色使用渐变填充。

3.　使用 Photoshop 软件删除文字或斑点

【考查的知识点】掌握 Photoshop 软件中仿制图章的使用方法。

【练习步骤】

①　准备一张含有文字或斑点的图片，按照"实验内容和操作步骤"的"3. 使用仿制图章工具删除图片上的文字或斑点"进行操作，删除该文字或斑点。

②　特别建议准备一张自己的脸部照片，使用仿制图章工具进行修饰。

4.　使用 Photoshop 软件制作电子相框

【考查的知识点】掌握 Photoshop 软件中的斜切和扭曲等变换方法。

【练习步骤】

①　按照"实验内容和操作步骤"的"4. 图像的渐变纹理和变换处理"进行操作，制作一个含有自己照片的电子相框。

②　特别建议准备一张自己的全身彩色照片，以使得相片的斜切效果更好。

5.　使用 Photoshop 软件进行人物上色

【考查的知识点】掌握 Photoshop 软件中不规则区域的选择方法和色彩调整方法。

【练习步骤】

①　准备一张黑白照片（如无黑白照片，可以准备一张彩色照片，通过 Photoshop 的存储方式转换为黑白照片），按照"实验内容和操作步骤"的"5. 使用色彩调整进行人物上色"进行操作，对黑白照片进行上色。

②　特别建议准备一张自己的全身彩色照片，通过 Photoshop 软件工具转换为黑白照片，并对该黑白照片进行上色，比较上色前后的彩色照片。

第7章
Visio 2010 绘图软件

Microsoft Office Visio 2010 是微软公司出品的 Microsoft Office 2010 办公软件中的一款。它有助于 IT 和商务专业人员轻松地可视化、分析和交流复杂信息。它能够将难以理解的复杂文本和表格转换为一目了然的 Visio 图表。该软件通过创建与数据相关的 Visio 图表来显示数据，这些图表易于刷新，并能够显著提高生产效率。

7.1　Visio 2010 概述

Visio 作为专业的办公绘图软件，位居世界同类软件排名第一。下面介绍关于 Visio 软件的一些背景知识和主要概念。

7.1.1　Visio 软件的发展和主要功能

1. Visio 软件的发展历史

1992 年，位于西雅图的 Visio 公司发布了用于制作商业图标的专业绘图软件 Visio1.0，该软件一经面世立即取得了巨大的成功，Visio 公司研发人员在此基础上开发了 Visio2.0、Visio3.0、Visio4.0、Visio5.0 等几个版本。

1999 年微软并购了 Visio 公司，几乎在同一时间发布 Visio2000，该版本分为标准版、技术版、专业版、企业版，在当时，Visio2000 成为世界上最快捷、最容易使用的流程图软件，同时也添加了更多的功能。

2001 年，微软发布了 Visio2002，与 Office Xp 具有相同的外观，对于熟练掌握 Office 的用户来说，可以迅速掌握操作，这也是 Visio 的第一个中文版本。

2003 年 11 月 13 日，简体中文版 Microsoft Office System 发布，其中就包括了 Visio2003。Visio2003 产品分为标准版 Visio Standard 2003 和专业版 Visio Professional 2003。

2006 年，随着 Office2007 的发布，Visio2007 不仅在易用性、实用性与协同工作等方面，实现了实质性的提升。而且其新增功能和增强功能使得创建 Visio 图表更为简单、快捷、令人印象更加深刻。Office Visio2007 同样有两种独立版本：Office Visio Professional 和 Office Visio Standard。Office Visio Professional 与 Office Visio Standard 的基本功能相同，但前者包含的功能和模板是后者的母集。Office Visio Professional 提供了数据连接和可视化等高级功能，而 Office Visio Standard 则没有这些功能。

2010 年，微软公司推出了 Visio 2010。

2. Visio 2010 的各个版本

Visio 2010 包括 3 个版本，分别为标准版、专业版和高级版。Visio 2010 高级版是微软提供的最高版本 Visio，提供了最完善最高级的功能。微软当前的 Visio 2010 技术预览版或 Beta 测试版中拥有的功能与高级版相同。

（1）Visio 2010 标准版

拥有全新的外观，全面引入了 Office Fluent 用户界面和重新设计的 Shapes Windows。Quick Shapes、Auto Align&Space 等新功能可以帮助用户更轻松地创建和维护图表。除了可适用于所有图表类型的新功能外，Visio 2010 标准版中的交叉功能流程图绘制模板也更加简单、可靠，拥有更好的可扩展性。

（2）Visio 2010 专业版

在标准版的基础上，专业版允许用户将图表连接至 Visio Services，可以上传数据，将图表发布到 Visio Services 上。Visio Services 可以帮助实现在 SharePoint 中浏览最新更新的数据图表。Visio 2010 专业版还包括高级的图表模板，例如：复杂网络图表、工程图表、线框图表、软件和数据库图表。

（3）Visio 2010 高级版

高级版包括专业版提供的所有功能，并且新增了高级进程管理功能，包括新的 SharePoint 工作流图表模板、业务流程建模标注（Business Process Modeling Notation，BPMN）、Six Sigma。新的 SharePoint 工作流图表可以导入 SharePoint Designer 2010，还可以进行进一步的自定义操作。此外，子进程功能允许用户停止当前进程并可以轻松恢复进程。

3. Visio 2010 的主要功能

① 使用具有专业外观的模板和预绘制的新颖形状进行图形制作和设计，Visio 提供涉及各行业的多种现代常用的图形模板和示意图形。

② 使用 Office Visio 2010 来创建可传达丰富信息的具有专业外观的图表，使数据在图表中更引人注目，能够直观地查看复杂信息，以识别关键趋势、异常和详细信息。

③ 能够将图表链接到常用数据源（如 Excel）。

④ 与 Microsoft Office 其他组件以及 Windows 操作系统具有良好的兼容性。

7.1.2　Visio 2010 的工作窗口

Visio 2010 的界面如图 7-1 所示，分为快速访问工具栏、选项卡、功能区、形状窗口、状态栏和绘图区等，以下进行一一介绍。

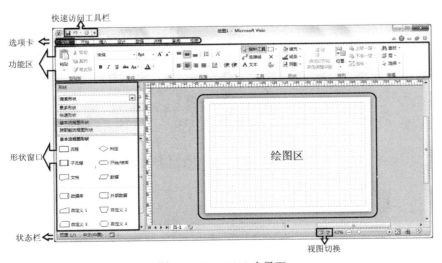

图 7-1　Visio 2010 主界面

1. 快速访问工具栏

默认有"保存""撤销""重复"3个按钮。如果用户需要经常单击某个按钮，可右击该按钮，然后，单击"添加到快速访问工具栏"，以后在快速访问工具栏可以快速选择。添加到快速访问工具栏的方法如图7-2所示。

2. "文件"选项卡

文件选项卡一般是针对于文件的操作，如打开，保存，打印等。在"文件"选项卡下，单击"最近所用文件"，可以看到最近打开的文件，通过单击文件右侧的"图钉"图标，该文件将置顶固定，方便下次快速打开。置顶方法如图7-3所示。

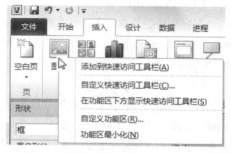

图7-2 将按钮添加到快速访问工具栏

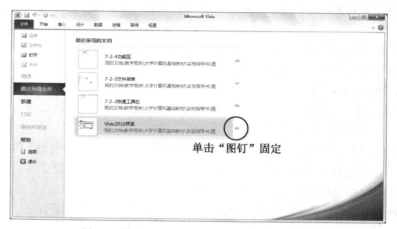

图7-3 将常用文件置于"最近所用文件"顶部

3. 功能区

功能区包含常用的一些命令。当鼠标指向每一组命令右下角的小图标时，将出现浮动窗口如图7-4所示，单击该小图标将显示相应的对话框。

图7-4 指向功能区小图标显示浮动窗口

4. 选项卡

在 Visio 2010 中，"开始"、"插入"、"设计"、"数据"等不再被称为菜单，而是被称作选项卡，双击任意选项卡可以隐藏或显示功能区，也可以使用快捷键 Ctrl+F1。

命令位于选项卡上，并按使用方式分组。"开始"选项卡上有许多最常用的命令，而其他选项卡上的命令则用于特定目的。例如，若要设计图表并设置图表格式，请单击"设计"选项卡，找到主题、页面设置、背景、边框以及标题等更多选项。另外，选择图片，将出现"图片工具"选项卡，选择图表，将出现"图表工具"选项卡。这些称之为上下文选项卡。"开始"选项卡如图7-5 所示，"设计"选项卡如图 7-6 所示。

图 7-5　"开始"选项卡

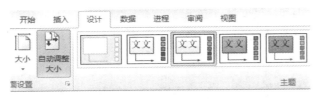

图 7-6　"设计"选项卡

5. 形状窗口

常用的形状可从形状窗口拖放到绘图区。

6. 绘图区

绘图区是绘图的场所，平时绘图主要在这里工作。

7. 状态栏

查看一些图形信息，右边可以进行视图切换，也可以使用"Ctrl+鼠标滚轮"以改变屏幕显示大小。

7.1.3　Visio 2010 的基本概念

Visio 2010 的基本概念主要包括形状、模具、模板等。

1. 形状

Visio 形状是指能够拖至绘图页上的现成图像，它们是图表的构建基块。当用户将形状从模具拖至绘图页上时，原始形状仍保留在模具上。该原始形状称为主控形状，放置在绘图上的形状是该主控形状的副本，也称为实例。用户可以根据需要从中将同一形状的任意数量的实例拖至绘图区上。

用户可以对形状进行旋转或调整大小，Visio 2010 的形状还可以包含数据，同时它设定了一些具有特殊行为的形状。若要了解某个形状可以执行的任务，可以通过右键单击它来查看其快捷菜单上是否有一些特殊命令。

2. 模具

Visio 模具是所包含形状的集合。每个模具中的形状都有一些共同点，这些形状可以是创建特定种类图表所需的形状的集合，也可以是同一形状的几个不同的版本。例如，"基本流程图形状"

模具仅包含常见的流程图形状。其他专用流程图形状位于其他模具中，如 BPMN 和 TQM 模具。模具显示在"形状"窗口中。若要查看特定模具上的形状，可以单击它的标题栏。

每个模板打开时都会显示一些模具，这些模具是创建特定种类的绘图所需的，但用户可以根据需要随时打开其他模具。在"形状"窗口中，单击"更多形状"，指向所需的类别，然后单击要使用的模具的名称。

3. 模板

模板将相关形状包括在名为模具的集合中。随"基本流程图"模板打开的"基本流程图形状"如图 7-7 所示。

如果要创建某图表，请使用该图表类型，如果没有完全匹配的类型，则从最接近的类型的模板创建此图表。Visio 模板可以帮助用户使用正确的设置创建图表。

（1）包含创建特殊种类图形所需形状的模具

例如，"家居规划"模板打开时会显示一些模具，这些模具中包含各种形状，如墙壁、家具、家电、柜子等。

（2）适当的网格大小和标尺度量单位

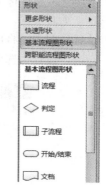

图 7-7　基本流程图形状

有些绘图需要使用特殊的刻度。例如，"现场平面图"模板打开时会显示一个 1 英寸，代表 10 英尺的工程刻度。

（3）特殊选项卡

有些模板具有一些独特功能，在功能区的特殊选项卡上可以找到这些功能。例如，打开"时间线"模板时，功能区上会显示"时间线"选项卡。可以使用"时间线"选项卡配置时间线，并将数据在 Visio 和 Microsoft Project 之间导入和导出。

（4）用于帮助创建特殊类型绘图的向导

在一些情况下，当用户打开 Visio 模板时，将会出现一个入门向导。例如，"空间规划"模板打开时会显示一个向导，该向导可帮助用户设置空间和房间信息。

（5）查看模板示例

若要弄清哪些模板可用，可以单击"文件"选项卡，然后单击"新建"，再单击各种模板类别，并通过单击模板缩略图查看模板的简短说明。

7.2　Visio 2010 的基本操作

7.2.1　图形操作

1. 图形的生成

在模具中选择要添加到页面上的图形，并拖动到绘图区，如图 7-8 所示。

2. 图形的移动

用鼠标拖曳图形，则可以将其移动到合适的位置上。

3. 图形的删除/插入

选中图形，按 Del 键即可删除该图形。

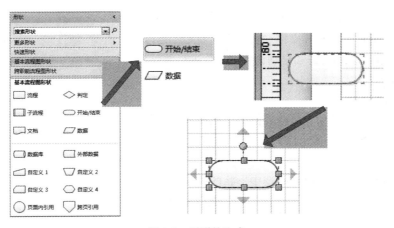

图 7-8　图形的生成

如果已创建了图表，但需要添加或删除形状，Visio 会进行连接和重新定位。通过将形状放置在连接线上，将它插入图表，方法如图 7-9 所示。

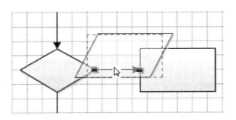

图 7-9　将形状放置在连接线上

周围的形状会自动移动，以便为新形状留出空间，新的连接线也会添加到序列中，周围形状自动移动后如图 7-10 所示。

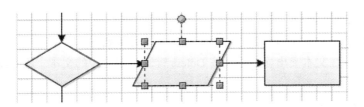

图 7-10　周围的形状自动移动

删除连接在某个序列中的形状时，两条连接线会自动被剩余形状之间的单一连接线取代，删除后如图 7-11 所示。

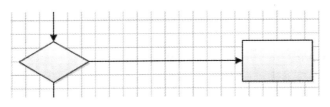

图 7-11　删除连接在某个序列中的形状后

对于这种删除的情况，形状不会移动并删除之间的间距，因为这不一定总是正确的操作。若要调整间距，可以选择形状，再单击"自动对齐和自动调整间距"进行调整，如图 7-12 所示。

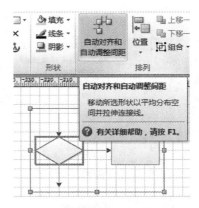

图 7-12　自动对齐和自动调整间距

4. 图形大小调整

可以通过拖动形状的角、边或底部的手柄来调整形状大小，调整方法如图 7-13 所示。

5. 图形格式修改

右键单击指定形状，可以修改选中形状的填充颜色、填充图案、线条格式等，图形格式修改选项如图 7-14 所示。

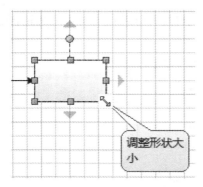

图 7-13　图形大小调整

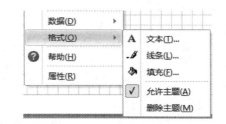

图 7-14　图形格式修改

7.2.2　文字操作

1. 向图形中添加文本

单击某个形状然后键入文本，向图形中添加文本的方法如图 7-15 所示。

双击形状，然后在文本突出显示后，按 Delete 键删除图形中的文本，删除图形中的文本如图 7-16 所示。

2. 添加独立的文本

单击"工具"组的"文本"按钮如图 7-17 所示，然后可以在绘图区任意位置添加独立的文本。

图 7-15　向图形中添加文本

图 7-16　在图形中删除文本

图 7-17　添加独立的文本

7.2.3　连接操作

使用"连接线"工具时，连接线会在移动其中一个相连形状时自动重排或弯曲；使用"线条"工具连接形状时，连接线不会重排。

Visio 2010 中增加了自动连接功能，使得形状的连接更为简便：

① 将指针放置在蓝色"自动连接"箭头上时，会显示一个浮动工具栏，其中可最多包含当前所选模具的"快速形状"区域中的 4 个形状。"快速形状"浮动工具栏如图 7-18 所示。

② 如果形状已在页面上，则可从一个形状的蓝色"自动连接"箭头上拖出一条连接线，再将它放到另一个形状上。若通过这种方式连接形状，则不必切换到"连接线"工具。

③ 指向浮动工具栏上的某个形状，则可以在页面上查看实时预览，然后通过单击鼠标添加该形状如图 7-19 所示，则新增的形状已经连接。

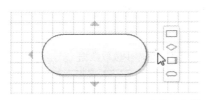

图 7-18　显示"快速形状"浮动工具栏

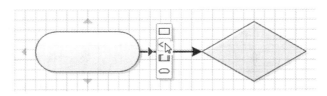

图 7-19　通过"快速形状"添加新形状

7.2.4　新增功能

Visio 2010 中的高级图表绘制工具可帮助用户在 Web 上实时共享数据驱动的动态可视效果和各种新方法。

Visio 2010 还可以轻松地将用户的图表链接到常用数据源如 Excel 中去。图表内的数据将自动刷新，并通过亮丽的可视效果（比如图标、符号、颜色和条形图）反映出来。同时，只需几次单击，即可将数据链接的图表发布到 SharePoint，并为 Web 上的其他人提供访问权限，即使这些人并没有安装 Visio。

简单、数据驱动的形状和 Web 共享相结合，使 Visio 2010 成为查看和了解重要信息功能的最强大的方法之一。

7.3　用 Visio 2010 绘制流程图实验

一、实验目的

（1）熟悉 Visio 2010 的软件界面和基本操作；
（2）掌握用 Visio 2010 绘制算法流程图的方法。

二、实验内容与步骤

1. 流程图相关概念与符号

流程图将解决问题的详细步骤分别用特定的图形符号进行表示，中间再画线连接以表示处理的流程，流程图比文字方式更能直观地说明解决问题的步骤，可使人快速准确地理解并解决问题。流程图所用的特定符号如表 7-1 所示。

表 7-1　　　　　　　　　　　　　　流程图的特定符号

图形	含义	描述
⬭	开始/结束	使用此形状表示流程中的第一步和最后一步
▭	流程框	此形状表示流程中的一个步骤
◇	判定框	根据该框中的决策条件决定流程的走向
▱	数据框、输入/输出	此形状指示信息从外部进入流程或者指示信息离开流程。有时称为"输入/输出"形状
◫	子流程	此形状用于表示一组步骤，这些步骤组合起来创建一个在其他位置（通常在同一个绘图的另一页上）定义的子流程
▱	文档	表示一个生成文档的步骤，比如报表、表格等
⬭	数据库	表示数据写入数据库中，或从数据库中读取数据
⬭	外部数据	数据外部来源
↗	箭头	流程的步骤、顺序和方向
○	页面内引用	这种小圆圈指示下一步（或上一步）在绘图上的其他位置。这对于大型流程图非常有用，在大型流程图中，如果不采用此形状，就必须使用很难跟随的长连接线
⬠	跨页引用	创建流程图的两个页面之间的一组超链接，也可以创建子流程形状与显示该子流程内各步骤的单独流程图页之间的一组超链接

2. 绘制流程图基本操作

（1）选择并打开一个模板

① 启动 Visio。

② 在"模板类别"下，单击"流程图"如图 7-20 所示。

图 7-20　选择"流程图"模板

在"流程图"窗口中，双击"基本流程图"如图 7-21 所示。

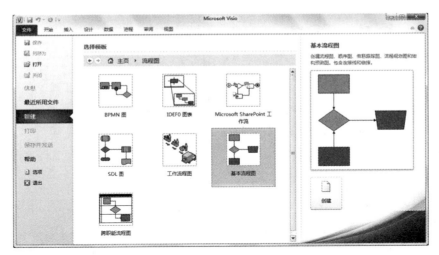

图 7-21　选择"基本流程图"

（2）拖动并连接形状

若要创建图表，先将形状从模具拖至空白页上并将它们相互连接起来。用于连接形状的方法有多种，但是现在使用自动连接功能。

① 将"开始/结束"形状从"基本流程图形状"模具拖至绘图页上如图 7-22 所示，然后松开鼠标按钮。

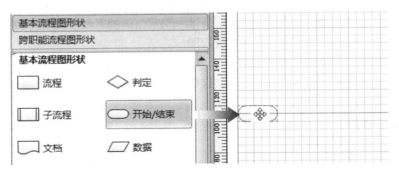

图 7-22　将"开始/结束"形状拖至绘图区

② 将指针移到蓝色箭头上，蓝色箭头指向第二个形状的放置位置。

此时将会显示一个浮动工具栏，该工具栏包含模具顶部的一些形状如图 7-18 所示。

③ 单击正方形的"流程"形状。

"流程"形状即会添加到图表中，并自动连接到"开始/结束"形状如图 7-19 所示。

如果要添加的形状未出现在浮动工具栏上，则可以将所需形状从"形状"窗口拖放到蓝色箭头上。新形状即会连接到第一个形状，就像在浮动工具栏上单击它一样。添加不在"快速形状"浮动工具栏中的新形状如图 7-23 所示。

（3）向形状添加文本

① 单击相应的形状并开始键入文本，如图 7-24 所示。

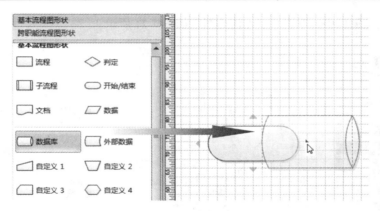

图 7-23　添加新形状

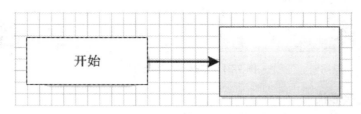

图 7-24　向形状添加文本

② 键入完毕后，单击绘图页的空白区域或按 Esc 键。

3. 绘制流程图

本实验要完成的功能是利用 Visio 2010 绘制简单的流程图，最终结果如图 7-25 所示。

【问题】两个人分别有两个不同颜色的球，A 拥有蓝色，B 拥有红色，请设计一个他们交换球的方案，并画出流程图。

【分析】算法描述：可以设立一个交换区，首先将 A 的蓝色球放入交换区，然后把红色球交给 A，最后将交换区的蓝色球交给 B，这样就实现了两者的交换。

流程图绘制步骤如下：

（1）选择并打开一个模板

启动 Visio，选择并打开一个模板如图 7-21 所示。在"模板类别"下，单击"流程图"，在"流程图"窗口中，双击"基本流程图"。

（2）拖动并连接形状

要创建图表，则要将形状从模具拖至空白页上并将它们相互连接起来。

将"开始/结束"形状从"基本流程图形状"模具拖至绘图区上，然后松开鼠标按钮。

将指针放在形状上，以便显示蓝色箭头。

将指针移到蓝色箭头上，蓝色箭头指向第二个形状的放置位置。单击正方形的"流程"形状。"流程"形状即会添加到图表中，并自动连接到"开始/结束"形状如图 7-26 所示。

（3）向形状添加文本

单击相应的形状并开始键入文本如图 7-27 所示。键入完毕后，单击绘图区的空白区域或按 Esc 键。

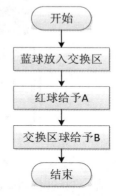

图 7-25　交换球流程

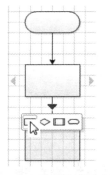

图 7-26　添加形状自动连接

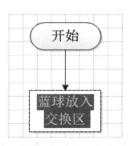

图 7-27　输入文字

（4）保存最后结果

三、自测练习

【考查的知识点】利用 Visio 2010 绘制流程图的基本操作，包括图形操作、文字操作、连接操作等。

① 参照图 7-28，制作"求 3 个数中最小数"的基本流程图。

② 参照图 7-29，制作"顺序查找"流程图。

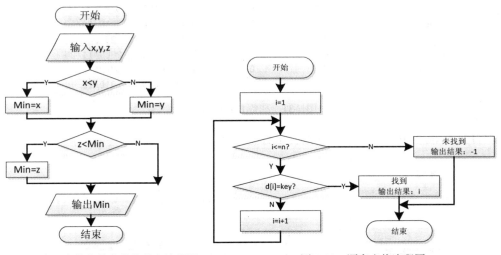

图 7-28　求 3 个数中最小数的基本流程图　　　　图 7-29　顺序查找流程图

7.4　用 Visio 2010 制作日程表实验

一、实验目的

（1）掌握将 Excel 数据导入 Visio 2010 的基本方法；

（2）掌握利用 Visio 2010 制作日程表的方法。

二、实验内容与步骤

本实验要完成的功能是利用 Visio 2010 导入 Excel 数据绘制简单的日程表，最终结果如图 7-30 所示。

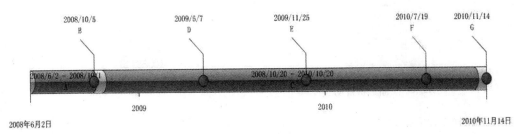

图 7-30　利用 Excel 绘制日程表

日程表绘制步骤如下：

① 在 Excel 中准备一组时间数据，类似于工作计划如图 7-31 所示。

	A	B	C	D	E
1	ID	任务名称	持续时间（天）	开始时间	结束时间
2	1	A	88	2008/6/2	2008/10/1
3	2	B	0	2008/10/5	2008/10/5
4	3	C	524	2008/10/20	2010/10/20
5	4	D	0	2009/5/7	2009/5/7
6	5	E	0	2009/11/25	2009/11/25
7	6	F	0	2010/7/19	2010/7/19
8	7	G	0	2010/11/14	2010/11/14

图 7-31　准备 Excel 表数据

② 打开 Visio 2010，新建一个日程表如图 7-32 所示。

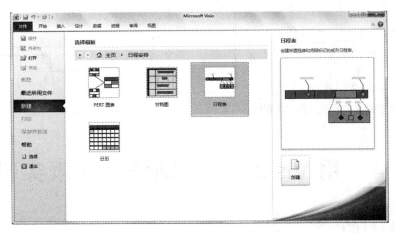

图 7-32　新建"日程表"模板

③ 在"数据"选项卡中单击"将数据链接到形状"，在对话框中选择"Excel 工作簿"，把第一步创建的工作簿导入，导入过程如图 7-33 所示。

图 7-33　将数据链接到形状

④ 导入完成后，Visio 中会出现链接原 Excel 的外部数据窗口，其格式与原数据保持一致，导入后如图 7-34 所示。

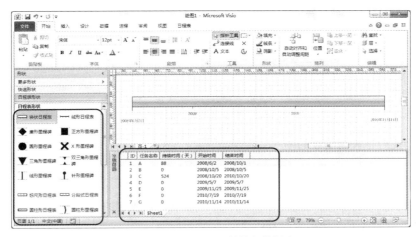

图 7-34　链接原 Excel 的外部数据窗口

⑤ 在左侧形状窗口中选择"块状日程表"拖至绘图区。配置日程表，起止时间为"2008/6/2"和"2010/11/14"，并适当调整格式如图 7-35 所示。

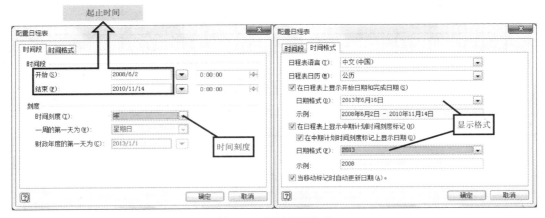

图 7-35　调整日期格式

⑥ 从左侧形状窗口中选择"圆柱形间隔"并配置间隔的日期格式，单击外部数据窗口中第一行数据，移动到日程表窗口中，设置时间格式后间隔将自动匹配到日程表中。再次选择"圆柱形间隔"并与第三行数据链接，并且拖入"圆形里程碑"五次，分别与外部数据窗口的余下五行数据链接在一起，则此时日程表显示如图 7-36 所示。

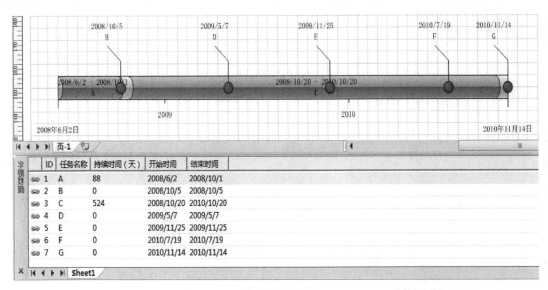

图 7-36　与数据链接后的日程表

⑦ 调整格式后日程表结果如图 7-30 所示。

三、自测练习

【**考查的知识点**】将 Excel 数据导入 Visio 2010 以制作日程表的基本操作。

根据表 7-2 中的数据制作相应的日程表。

表 7-2　　　　　　　　　　　　　　2013-2014 秋季学期日程

ID	任务名称	持续时间（天）	开始时间	结束时间
1	新生军训	14	2013/08/31	2013/09/13
2	中秋节	0	2013/09/19	2013/09/19
3	国庆假期	0	2013/10/01	2013/10/01
4	期中考试	12	2013/11/04	2013/11/15
5	元旦	0	2014/01/01	2014/01/01
6	考试周	12	2014/01/06	2014/01/17
7	春节	0	2014/01/31	2014/01/31
8	寒假	35	2014/01/20	2014/02/23

第8章
Access 2010 的使用

Access 2010 是美国微软公司开发的一个基于 Windows 操作系统的关系数据库管理系统。作为 Office 2010 系列软件中的一员，Access 2010 为用户提供了高效、易学易用和功能强大的数据管理功能。

8.1 Access 2010 简介

8.1.1 Access 2010 的主要功能

Access 2010 数据库面向小型系统用户，系统较为简单。它将管理的对象，如表、查询、窗体、报表、页、宏和模块等都存放在一个文件中；同时，Access 2010 提供了非常友好、易于操作的界面，采用与 Windows 类似的风格，很多操作使用鼠标拖放即可，非常直观方便；此外，系统还提供了一系列的工具，如表生成器、查询生成器、报表设计器及数据库向导、表向导、查询向导、窗体向导、报表向导等，即便对数据库技术不是非常了解的人，也可以使用这些工具建立一个小型数据库应用系统；并且 Access 2010 引入了第三个工作界面组件 Microsoft Office Backstage 视图，它是功能区的"文件"选项卡显示的命令集合。正因为 Access 2010 简单易用，所以很多小型应用程序都采用它作为底层数据库。

8.1.2 Access 2010 的工作窗口

启动 Access 2010 应用程序，出现 Access 的工作界面，如图 8-1 所示。

图 8-1　Access 2010 启动后未打开数据库时的 Backstage 视图

Access 2010 窗口按其显示格式可分为两类。

第一类是 Backstage 视图类的窗口。Access 2010 启动后但未打开数据库时显示为 Backstage 视图，并默认选定其中的"新建"命令，如图 8-1 所示。Backstage 视图包含一些 Access 早期版本"文件"菜单中的命令，以及适用于整个数据库文件的其他命令和信息（如"压缩和修复"等）。Backstage 视图也显示"文件"、"开始"、"创建"、"外部数据"、"数据库工具"等 5 个标准选项卡标题。

在 Backstage 视图中，可以创建新数据库、打开现有数据库、通过 SharePoint Server 将数据库发布到 Web，或者执行很多文件和数据库维护任务。

在 Backstage 视图的左边窗格中列出了"文件"选项卡所包含的命令和一些相关信息。例如，打开一个数据库后，选定"信息"命令后显示的 Backstage 视图如图 8-2 所示。

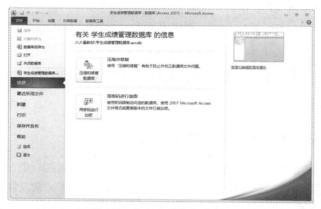

图 8-2　选定"信息"命令后显示的 Backstage 视图

第二类是含有功能区和导航窗格的 Access 2010 窗口界面，如图 8-3 所示。

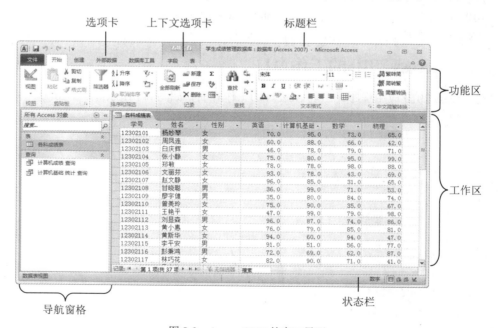

图 8-3　Access 2010 的窗口界面

1.　标题栏

标题栏位于 Access 2010 窗口的顶端（即第 1 行）。标题栏左端放置了"控制菜单"按钮及"快速访问工具栏"，标题栏中部显示当前已经打开的数据库名称。标题栏右端放置了"最小化"、"最大化"及"关闭"等按钮。

2.　选项卡

选项卡位于 Access 2010 窗口的第 2 行，即功能区的顶端。选项卡标题栏中始终显示"文件"、"开始"、"创建"、"外部数据"和"数据库工具"5 个标准命令选项卡。除标准选项卡之外，Access 2010 还有上下文命令选项卡。根据进行操作的对象以及正在执行的操作不同，选项卡旁边可能会出现一个或多个上下文命令选项卡，如图 8-3 所示。单击命令选项卡标题栏中的某个选项卡，立即显示出该选项卡，并使该选项卡成为当前活动的选项卡。

3.　功能区

功能区是 Access 2010 中的主要命令界面，包含了早期版本的菜单、工具栏、任务窗格和各种工具、命令，方便用户进行操作。

功能区由当前活动选项卡的多个命令组组成，各命令组上有多个命令按钮。

4.　导航窗格

导航窗格位于功能区的下边左侧，是打开或更改数据库对象设计的主要方式，如图 8-4 所示。默认情况下，导航窗格中按照"对象类型"列出了当前打开的数据库中的所有 Access 对象，包括表、查询、窗体、报表等。

图 8-4　导航窗格

单击"下拉按钮"，展开"浏览类别"列表窗格，可以控制按类别或日期在导航窗格中显示哪些对象。单击"百叶窗开关按钮"，可以隐藏导航窗格。

5.　工作区

工作区位于功能区的下边，用于显示数据库中的各种对象。在工作区中，通常是以选项卡形式显示出所打开对象的相应视图（如某个数据表的"设计视图"或"数据表视图"、某窗体的"窗体视图"等），如图 8-5 所示。在 Access 2010 中，可以同时打开多个对象，并在工作区顶端列出所有已打开对象的选项卡，并仅显示当前活动对象选项卡的内容。

单击工作区顶端某个对象选项卡，便在工作区中切换显示该对象选项卡的内容，即把该对象选项卡设为活动对象选项卡。

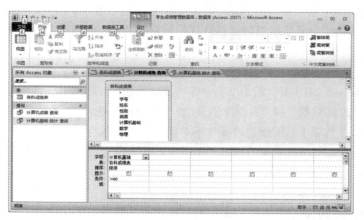

图 8-5　工作区显示 3 个对象选项卡及一个活动对象选项卡内容

6. 状态栏

状态栏位于 Access 2010 窗口的底端，反映了 Access 2010 的当前工作状态。

8.1.3　Access 2010 的基本概念

1. 数据库

数据库是存储在计算机外存上的大容量、低冗余、可共享、可靠、安全并具有一定独立性的结构化数据集。使用 Access 数据库管理系统创建的数据库由几类对象组成，包括表、查询、窗体、报表、页、宏和模块等，所有的对象都被保存在扩展名为 mdb 的同一文件中。Access 系统功能较为简单，没有专门的备份工具，可以通过复制转存该文件进行备份。

2. 表

表是 Access 数据库的核心对象，它是结构化的数据集合，是创建其它 Access 对象（查询、窗体、报表等）的数据源。Access 数据库中的表在形式上表现为二维表。

3. 查询

查询是对一个或多个表进行查询操作的结果集。它在形式上也是二维表，但是查询对象中没有数据，系统保存查询对象的查询方式。当用户单击查询对象时，系统就会再次按查询方式自动执行查询操作，将结果显示出来。查询对象同样可以成为其他查询、窗体、报表的数据源。

4. 窗体

窗体主要用于数据库输入和显示数据，是用户与数据库系统之间进行交互操作的主要对象，用户使用窗体可以更方便地输入数据、显示数据。窗体中显示的数据都来自数据源，被保存的数据也被存储到数据源中，可以是表或查询对象，还可以是一个 SQL 语句。窗体上的其他信息，如标题、日期和页码等，则存储在窗体中。

窗体中需要使用各种窗体元素，例如标签、文本框、选项按钮、复选框、命令按钮、图片框等，这些窗体元素统称为控件。一些控件具有"控件来源"属性，可指定数据源中的某个字段。

5. 报表

报表是用打印格式显示数据的对象，用户可以设计报表内容的大小和外观，用于显示与打印。报表是数据的一种展示形式，与窗体类似，它也需要指定数据源，如表、查询。报表中的数据来自数据源，其他装饰性的信息，如标题、日期、页码等则存储在报表中。

8.2　数据库和数据表的创建实验

一、实验目的

（1）掌握创建和维护 Access 数据库的方法和过程；

（2）掌握创建和维护数据表的方法和过程；

（3）掌握设置和修改数据表的字段属性的方法；

（4）掌握数据表中数据的输入方法；

（5）掌握建立数据表间关联关系的方法。

二、实验内容与步骤

本实验要完成的功能是创建学生档案数据库，并在学生档案数据库中建立学生信息表和学生成绩表，步骤如下。

1. 创建学生档案数据库

启动 Access 2010，出现如图 8-1 所示的工作界面。单击"空数据库"，在文件名文本框中出现默认文件名"Database1.accdb"，把它修改为"学生档案"，并单击 选择数据库的保存位置，单击"创建"按钮保存新建数据库文件，此时学生档案数据库建立完成并自动打开。用户可在磁盘指定目录下看到"学生档案.accdb"，即该数据库对应的数据库文件。

尽管数据库文件已经被创建，但是这是一个不包含任何数据或对象的空白数据库。要让数据库可用，需要在文件中建立数据表，然后存入数据。

2. 使用设计视图创建数据表

Access 数据库通过数据表来管理数据。创建数据表包含创建表结构、在表中输入数据记录这两个过程。常用的创建表结构的方式是利用设计视图建立表结构，用户可以根据需要添加字段，定义字段属性，设置主键等。

① 单击"创建"选项卡→"表格"组→"表设计"命令，打开数据表设计视图。

② 按照表的内容，在"字段名称"列中输入字段名称，在"数据类型"列中单击相应的数据类型，在"常规"属性窗格中设置字段属性。

常用的数据类型如下：

- 文本：用来存放不需要计算的数据，可以为数字、文字，例如学号、电话。
- 备注：也称长文本，存放说明性文字。
- 数字：需要运算的数值数据，如成绩、次数、年龄。
- 日期/时间：存放日期和时间数据。
- 货币：存放货币数值。
- 自动编号：在增加记录时，其值能依次自动加 1。
- 是/否：存放逻辑型数据，如婚否、Yes/No、On/Off。

常用的字段属性如下：

- 字段大小：指定字段中文本或数字的范围，文本缺省长度为 50，最多 255 个字符，备注型最多 65536 个，数值为长整型。

● 格式：指定数据显示或打印的格式，常用于数字格式、货币格式，可以选定显示的小数位数。

● 小数位数：指定数字或货币数值的小数点位数。

● 标题：定义字段的别名，作为创建窗体和报表时数据单中使用的标签。如字段名为 sname，可将标题设置为"姓名"。

● 默认值：该值在新建记录时会自动输入到字段中，也可以更改。

● 必填字段：设置字段是否必须填写，设置成"是"时，这个字段不能为空。

● 允许空字符串：设置成"是"时，这个字段可以为空。

● 索引：设置是否为这个字段建立索引或者是否允许建立索引。

本实验中，学生信息表主要有学号、姓名、性别、出生日期、班级等五个字段，如图 8-6 所示。

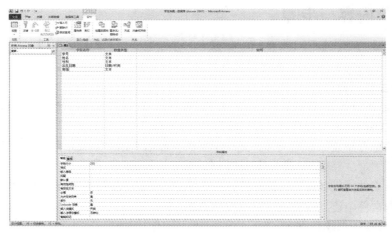

图 8-6　学生信息表设计视图

③ 在学生信息表中，每个记录表示一名学生，每个学生由其学号唯一确定，称字段"学号"是学生信息表的主键。

把光标放在选定字段"学号"行上，单击"设计"选项卡→"工具"组→"主键"命令，即可将字段"学号"设置为学生信息表的主键。此时，"学号"字段前出现钥匙图标，表示该字段为主键。设置过程如图 8-7 所示。

图 8-7　设置学生信息表的主键

④ 单击快速访问工具栏中的"保存"按钮，弹出"另存为"对话框，输入表名"学生信息"，确定即可。

⑤ 双击导航视窗中的"学生信息"表，打开数据表视图，如图 8-8 所示。

在工作区逐个输入以下学生记录后，单击"保存"按钮，完成"学生信息"表的创建，如图 8-9 所示。

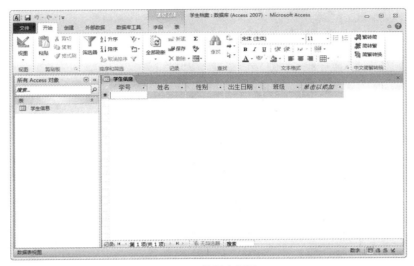

图 8-8　数据表视图

图 8-9　学生信息表的数据

3. 使用已有数据来创建数据表

除了使用设计视图创建数据表外，Access 2010 还可以根据已有的外部数据来创建数据表。外部数据源可以是 Access 数据库、Excel 电子表格、文本文件等。以下将根据 Excel 文件"实验数据.xls"来创建学生档案数据库中的"学生成绩"表。

① 单击"外部数据"选项卡→"导入并链接"组→"Excel"按钮，打开"选定数据源和目标"对话框，如图 8-10 所示。

② 单击"浏览"按钮，选择指定作为数据源的文件"实验数据.xls"，单击"将源数据导入当前数据库的新表当中"单选按钮，单击"确定"按钮，弹出"导入数据表向导"对话框，如图 8-11 所示。

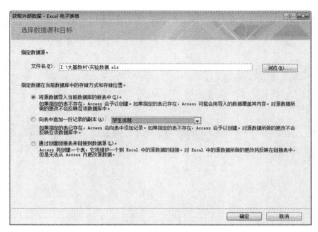

图 8-10   "选定数据源和目标"对话框

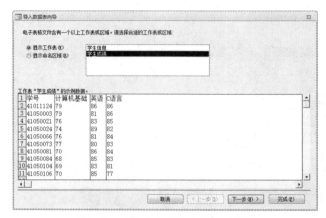

图 8-11   "导入数据表向导"对话框

③ 选中工作表"学生成绩"，单击"下一步"按钮，弹出"导入数据表向导"对话框二，选中"第一行包含列标题"复选框，如图 8-12 所示。

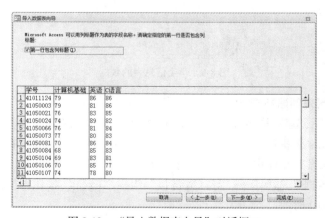

图 8-12   "导入数据表向导"对话框二

④ 单击"下一步"按钮，弹出"导入数据表向导"对话框三，设置字段的类型和索引项，如图 8-13 所示。

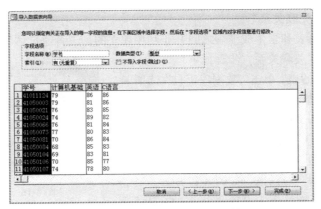

图 8-13　"导入数据表向导"对话框三

⑤ 单击"下一步"按钮，弹出"导入数据表向导"对话框四，设置主键字段，如图 8-14 所示。

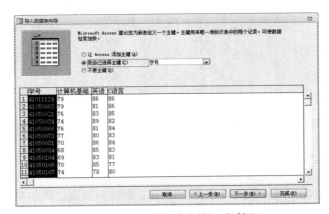

图 8-14　"导入数据表向导"对话框四

⑥ 单击"下一步"按钮，弹出"导入数据表向导"对话框五，设置数据表的名字，如图 8-15 所示。

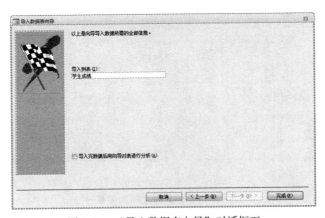

图 8-15　"导入数据表向导"对话框五

⑦ 单击"完成"按钮，即可完成数据表的创建和数据记录的导入。

4．建立数据表间关联关系

新创建的学生信息表和学生成绩表之间并非互相独立的，二者通过"学号"字段关联，因为可以在两个表之间建立关联关系，步骤如下：

① 关闭所有打开的表，单击"数据库工具"选项卡→"关系"按钮，将导航窗格中的"学生信息"表和"学生成绩"表依次拖动到工作区，如图8-16所示。

② 选中"学生信息"表中的"学号"字段，按住鼠标左键不放，将其拖到"学生成绩"表中的"学号"字段上，打开"编辑关系"对话框，如图8-17所示。

③ 在"编辑关系"对话框中设置两个表关联的字段"学号"，单击"创建"按钮，即可在两个表之间建立关联，如图8-18所示。

图8-16 "关系"工作区

图8-17 "编辑关系"对话框

图8-18 根据学号建立表之间的关联

三、自测练习

【考查的知识点】数据库的创建；数据表的创建；创建数据表之间的关联关系等操作。

高校教务管理是整个学校管理的核心和基础，需要处理种类繁多的数据和报表。

（1）在Access2010中创建"教务管理系统"数据库。

（2）在"教务管理系统"数据库中，新建以下数据表，并建立各个表之间的关联关系，如图8-19所示。

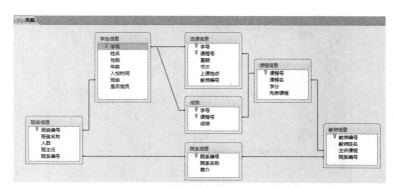

图8-19 数据表之间的关系

① 学生信息表：其中学号为主键。

② 班级信息表：其中班级编号为主键。

③ 教师信息表：其中教师编号为主键。

④ 院系信息表：其中院系编号为主键。

⑤ 课程信息表：其中课程号为主键。

⑥ 选课表：其中学号、课程编号为主键。

⑦ 成绩表：其中学号、课程编号为主键。

（3）以你所在的班级为参考数据，向各个数据表中添加多条数据记录。

8.3　查询、窗体和报表的创建实验

一、实验目的

（1）掌握创建查询的方法；

（2）掌握创建窗体的方法；

（3）掌握创建报表的方法。

二、实验内容与步骤

1. 利用"查询向导"创建查询，查询所有学生的成绩

① 单击"创建"选项卡→"查询"组→"查询向导"命令，打开"新建查询"对话框；单击"简单查询向导"；单击"确定"按钮，打开"简单查询向导"对话框一，如图 8-20 所示。

② 在"表/查询"下拉列表框中单击"学生信息"表，将学号、姓名字段依次添加到"选定字段"框中；在"表/查询"下拉列表框中单击"学生成绩"表，将计算机基础、英语、C语言等字段依次添加到"选定字段"框中，单击"下一步"按钮，打开"简单查询向导"对话框二，如图 8-21 所示。

③ 单击单选框"明细"，单击"下一步"按钮，弹出"简单查询向导"对话框三，如图 8-22 所示。

图 8-20　"简单查询向导"对话框一

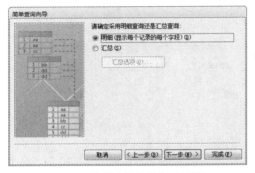

图 8-21　"简单查询向导"对话框二

图 8-22　"简单查询向导"对话框三

④ 在文本框中指定当前查询的名字为"学生成绩 查询"，单击"完成"按钮，即可在工作区中看到所有符合条件的学生的成绩，如图8-23所示。

学生成绩 查询				
学号	姓名	计算机基础	英语	C语言
41011124	陈林明	89	96	96
41050003	崔晓哲	89	91	96
41050021	董学文	86	93	95
41050024	葛黄东	84	99	92
41050066	胡金杰	86	91	94
41050073	黄建飞	87	90	93
41050081	解文军	80	96	94
41050084	刘贺山	78	95	93
41050104	陆克龙	79	93	91
41050106	陆庆庆	80	95	87
41050107	罗能虎	84	88	90

图8-23　"学生成绩 查询"结果

2. 利用"查询设计"创建查询，查询成绩全优的学生信息

① 单击"创建"选项卡→"查询"组→"查询设计"命令，打开"显示表"对话框，如图8-24所示。选择"学生成绩"表，单击"添加"按钮；选择"学生信息"表，单击"添加"按钮，即本次查询将针对以上两个表中数据记录进行。

② 单击"关闭"按钮，在工作区显示了查询的设计视图，如图8-25所示。

图8-24　"显示表"对话框

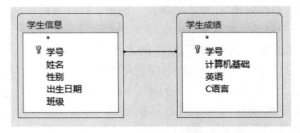

图8-25　查询的设计视图

由于"学生信息"表和"学生成绩"表已经进行了关联，此时在设计视图中可以看到两表的关联关系。

③ 设置查询字段和查询条件。在工作区下部选择学号、姓名、计算机基础、英语、C语言等字段，在"计算机基础"、"英语"和"C 语言"列的"条件"行的单元格中输入条件"">=85""，如图8-26所示。

字段	学号	姓名	计算机基础	英语	C语言
表	学生信息	学生信息	学生成绩	学生成绩	学生成绩
排序					
显示	☑	☑	☑	☑	☑
条件			>=85	>=85	>=85
或					

图8-26　设置查询字段和查询条件

④ 单击"设计"选项卡→"结果"组→！按钮，打开"查询视图"，显示查询结果，如图 8-27 所示。

学号	姓名	计算机基础	英语	C语言
41011124	陈林明	89	96	96
41050003	崔晓哲	89	91	96
41050021	董学文	86	93	95
41050066	胡金杰	86	91	94
41050073	黄建飞	87	90	93

图 8-27　"科目优秀学生信息"查询结果

⑤ 单击快速访问工具栏中的"保存"按钮，输入查询名"科目优秀学生信息"，单击"确定"按钮即可。

3. 基于查询的查询创建

① 单击"创建"选项卡→"查询"组→"查询设计"按钮，出现"显示表"对话框，单击"查询"选项卡，添加查询"科目优秀学生信息"，再把"科目优秀学生信息"表中的"学号"、"姓名"和"C 语言"字段拖到设计网格中。

② 单击"设计"选项卡→"显示/隐藏"组→"汇总"按钮，在增加的总计行中选中"Group By"，在"C 语言"列的条件单元格中输入">=90"，单击！按钮，查询结果如图 8-28 示。

图 8-28　"C 语言成绩优异学生"查询结果

③ 单击快速访问工具栏中的"保存"按钮，输入查询名"C 语言成绩优异学生"，单击"确定"按钮即可。

④ 单击"开始"选项卡→"记录"组→"合计"按钮，在查询结果中多了一行汇总，选中下拉列表框中的"计数"，得到 C 语言成绩优异的人数，如图 8-29 所示。

学号	姓名	C语言
41011124	陈林明	96
41050003	崔晓哲	96
41050021	董学文	95
41050066	胡金杰	94
41050073	黄建飞	93
汇总		5

图 8-29　C 语言成绩优异学生人数汇总

此外，还可以通过单击下拉列表框的其他选项分别来计算 C 语言字段的最大值、最小值、平均值、方差等结果。

4. 创建学生成绩窗体

学生成绩窗体的数据源分别来自于学生信息表和学生成绩表。

① 选中"学生信息"表，单击"创建"选项卡→"窗体"组→"窗体向导"按钮，打开 "窗体向导"对话框。

② 在"表/查询"下拉列表框中光标已定位在"学生信息"表，把该表中"学号"、"姓名"和"班级"字段添加到"选定字段"窗格中。

在"表/查询"下拉列表框中，单击"学生成绩"表，把"计算机基础"、"英语"和"C语言"字段送到"选定字段"窗格中，单击"下一步"按钮，如图8-30所示。

图8-30　"窗体向导"对话框一

③ 在打开的"窗体向导"对话框二中，选择"数据表"方式，单击"下一步"按钮，如图8-31所示。

④ 在打开的"窗体向导"对话框三中，以"学生成绩信息"命名，单击"完成"按钮，如图8-32所示。

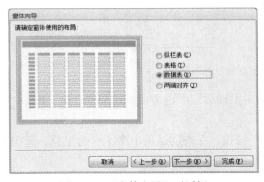 

图8-31　"窗体向导"对话框二　　　　　图8-32　"窗体向导"对话框三

此时在工作区显示相关的字段信息，并且在导航窗格中出现了窗体对象"学生成绩信息"，如图8-33所示。单击工作区最下端的记录导航条，可以浏览当前记录的前一条记录、后一条记录，或者添加空白记录。

图8-33　"学生成绩信息"窗体

⑤ 选中已创建的数据表"学生成绩信息"窗体,右键单击"设计视图",可对窗体中各个控件的布局进行修改。

5. 创建学生信息标签报表

报表是 Access 数据库中以打印格式显示数据的对象。在 Access 2010 中,可以有多种方法创建报表:单击"报表"按钮可用当前选定的表或查询创建基本的报表;单击"报表设计"按钮可以以"设计视图"的方式创建一个空报表;单击"空报表"按钮可以以"布局视图"的方式创建一个空报表;单击"报表向导"按钮可以帮助用户创建一个简单的自定义报表;单击"标签"按钮可以用当前选定的表或查询创建标签式的报表。此节将创建一个"学生信息"标签报表。

① 单击选中"学生信息"表,单击"创建"选项卡→"报表"组→"标签"按钮,打开"标签向导"对话框一,如图 8-34 所示。

② 选定一种标签尺寸,也可单击"自定义..."按钮来设置用户需要的标签尺寸,单击"下一步"按钮,打开"标签向导"对话框二,如图 8-35 所示。

图 8-34 "标签向导"对话框一

图 8-35 "标签向导"对话框二

③ 在"标签向导"对话框二中,根据需要选择标签文本的字体、字号和颜色等,单击"下一步"按钮,打开"标签向导"对话框三,如图 8-36 所示。

④ 在"标签向导"对话框三的"可用字段"窗格中,双击"学号"和"姓名"字段,添加到"原型标签"窗格中;在"原型标签"窗格中把光标移至下一行中,再把"性别"、"出生日期"字段添加到"原型标签"窗格中;再次在"原型标签"窗格中把光标移至下一行中,把"班级"字段添加到"原型标签"窗格中。

"原型标签"窗格是个文本编辑器,也可输入或删除文本和字段。

图 8-36 "标签向导"对话框三

⑤ 单击"下一步"按钮,打开"标签向导"对话框四,双击"可用字段"窗格中的"学号"

字段，添加到"排序依据"窗格中，作为排序依据，如图 8-37 所示。

⑥ 单击"下一步"按钮，打开"标签向导"对话框五，指定报表的名称为"标签 学生信息"，如图 8-38 所示。

图 8-37　"标签向导"对话框四　　　　　　图 8-38　"标签向导"对话框五

⑦ 单击"完成"，即可在工作区中显示该标签报表的打印预览信息，如图 8-39 所示。

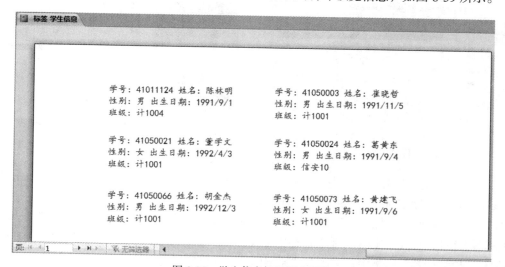

图 8-39　学生信息标签报表预览

在使用前面的创建报表的方法完成创建报表之后，用户可以根据需要对某个报表的设计进行修改，包括添加报表的控件、修改报表的控件或删除报表的控件等。若要修改某个报表的设计，可在该报表的"设计视图"中进行。

二、自测练习

【考查的知识点】创建查询、创建窗体、创建报表等数据库创建操作。

本节中的自测练习题均以 8.2 节自测练习中创建的"教务管理系统"数据库和数据表为基础。

① 创建学生课表查询，查询所有同学的选课信息。

② 创建查询，查询有不及格科目的学生信息。

③ 创建班级信息维护窗体，在窗体中用户可以对班级信息进行增加、编辑和删除操作。窗体界面如图 8-40 所示。

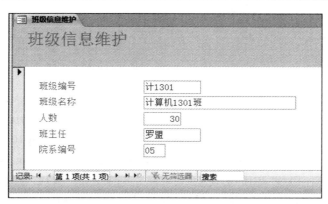

图 8-40　班级信息维护窗体

④ 在学生课表查询的基础上，创建学生课表查询窗体，如图 8-41 所示。

图 8-41　学生课表查询窗体

[1] 彭爱华，刘辉. Windows 使用详解. 北京：人民邮电出版社，2010.

[2] 神龙工作室. Windows 7 从入门到精通. 北京：科学出版社，2010.

[3] John Walkenbach. Excel 2010 Bible. Wiley Publishing，Inc，Indianapolis，Indiana，2010.

[4] 李斌，黄绍斌. Excel 2010 应用大全. 北京：机械工业出版社，2010.

[5] 姚琳等. 大学计算机基础实践教程. 北京：人民邮电出版社，2010.

[6] 科教工作室. Office 2010 综合应用（第 2 版）. 北京：清华大学出版社，2011.

[7] 赵英良，冯博琴，崔舒宁. 多媒体技术及应用. 北京：清华大学出版社. 2011.

[8] 赵子江. 多媒体技术应用教程（第 6 版）. 北京：机械工业出版社. 2010.

[9] 林福宗. 多媒体技术基础（第 3 版）. 北京：清华大学出版社. 2009.

[10] 林福宗. 多媒体技术课程设计与学习辅导. 北京：清华大学出版社. 2009.

[11] 许宏丽. 多媒体技术及应用. 北京：清华大学出版社. 2011.

[12] 陈薇薇，巫张英. Access 基础与应用教程（2010 版）. 北京：人民邮电出版社，2013.

[13] 吴元斌，熊江. 大学计算机基础实验教程. 北京：科学出版社，2012.

[14] 夏耘，黄小瑜. 计算思维基础. 北京：电子工业出版社，2012.

[15] 华诚科技. Office 2010 从入门到精通. 北京：机械工业出版社，2011.